开始吧！
养一只泰迪

（日）西川文二　监修
（日）道雪葵　漫画插图
王春梅　译

U0388388

辽宁科学技术出版社
·沈阳·

泰迪是什么样的狗狗呢？

003

健康的淘气包！

适合用颜色来装扮，可以挑战各种服装和发型，时尚感十足

非常爱撒娇

性格开朗、头脑清晰！很容易跟其他小动物和谐相处

蓬松的卷毛魅力四射

从古至今一直被人类喜爱

这就是泰迪

西川文二（NISHIKAWA BUNJI）

Can！Do！Pet Dog School主办人，公益社团法人，日本动物医院协会指定的家庭犬训练师。毕业于日本早稻田大学理工学科，之后在博报堂担任了10年的撰稿人。1999年，在科学理论基础上系统学习了驯养方法，此后开设了面向家庭犬进行训练的教室Can！Do！Pet Dog School。著有多部宠物著作。他是在杂志《狗狗心情》（创刊10周年时）中出场次数最多的监修者。

道雪葵（MICHIYUKI AOI）

日本千叶县出身的漫画家。在网络平台连载自己与爱犬泰迪一起生活的开心故事。著有多部有关泰迪的作品。

日文版工作人员

编辑：松本裕之（株式会社 STUDIO PORTO）

执笔：井村幸六（株式会社K-ASSIST）/富田园子

封面设计：室田润（细山田设计事务所）、
　　　　　横村葵

摄影：横山君绘

写真：Photo AC

特别鸣谢

江本优贵（EMOTO YUKI）

在东京都内担任宠物沙龙的造型师，同时在TCA东京ECO动物海洋专门学校担任宠物造型、剪发等的实操客座讲师。

致有意与泰迪一起生活的人

本书介绍了可爱泰迪的饲养方法、相处方式等所有相关内容。

那么，就让我们揭开与泰迪一起生活的序幕吧！和泰迪在一起，有快乐也有苦恼，每一帧画面都是我们一起生活的珍贵留念。

大家好，我是西川文二，是一名具备家养犬素养资格的训练师，日常从事家庭犬训练师的工作。我会以最前沿的动物行为学为基础，一边观察狗狗的情绪，一边向主人传授训练狗狗的方法。

　　近年来，狗狗的饲养方法与训练方法都跟以前大相径庭。但毕竟我自己在家就养了3只泰迪，每一只都活过了18岁。为了泰迪和主人们都能在一起快乐地生活，本书将会介绍一些合理的训练方法和饲养方法。

大家好，我是漫画家道雪葵，拥有14年的泰迪饲养经历。

承蒙厚爱，我可以担任本书的顾问。泰迪可爱又聪明，但也有任性的一面。

而且跑起来可太快啦！让我们一起来学一学如何才能跟泰迪更愉快地相处吧！

咕噜 ♂
擅长撒娇
性格高冷
与狗狗相比，更喜欢人

目录

① 主人在接泰迪回家之前
需要做好的心理准备

② 第一阶段尤为重要！
训练和社会化

①

主 人 在 接 泰 迪 回 家 之 前

需 要 做 好 的
心 理 准 备

泰迪是被贵族们喜爱的 宠物犬

它是在18世纪前后，由贵宾犬改良而成的小型犬。
作为宠物犬，很快就博得了当时上流社会的宠爱。

泰迪起源于法国。

贵宾犬原本是水猎犬来着

警犬

贵宾犬的智商在犬类中处于较高水平。

据说泰迪也因为继承了贵宾犬的血统而格外聪明。

稍等！

泰迪是个小聪明呀，所以一定很好养。

的确，泰迪是一种很容易饲养的宠物犬。正因为它很聪明，所以如果教导不当很容易养成任性的性格。

把不爱吃的零食藏起来

然后来要其他零食

用指尖推门，然后可爱地刷存在感

汪～

吱扭～

......

啊，想起来了！

人类痴迷了200多年的超小型犬！

让法国贵族们沉迷的泰迪

泰迪拥有毛绒玩具一样的毛发和乌黑的大眼睛，源自16世纪法国贵族阶级争相饲养的贵宾犬。在路易十六统治的18世纪，贵宾犬经改良后诞生出了现在的泰迪。

贵宾犬的起源不明。但由于其在法国的人气最为高涨，所以被视为原产于法国。

泰迪的人气一直高居不下。其背景源自与人类长期共同生活的悠久历史。

能力和性格决定了泰迪能活跃于各种场合

众所周知，贵宾犬不仅聪明，还不存在掉毛和吠叫等常见的犬类习性。除此之外，它还拥有卓越的嗅觉和运动神经。很久以前，贵宾犬是作为水猎犬帮人们捕捉猎物的。

贵宾犬这种优良的品质，原原本本地传承到了泰迪的身上。泰迪除了在宠物界声名鹊起外，还充当警犬、救助犬等在各个领域大展身手。

☑ 过敏症患者也有望饲养的犬种

你会不会以为，毛量多的狗狗脱毛会更严重。但泰迪正好与之相反，属于几乎不掉毛的品种。所以，我们认为泰迪不会非常轻易地激发过敏症患者的不良反应。除了掉毛少以外，体味轻微也是不容易诱发过敏的原因之一。因为泰迪的这种特点，对于有孩子的家庭和有毛发过敏患者的家庭，都可以考虑选择泰迪作为宠物狗。

不掉毛，扫除就轻松！

泰迪的身体

眼睛
长杏仁形的眼型比较理想。最近几年流行圆溜溜的眼睛。

耳朵
沿着脑袋瓜的边缘自然下垂。有厚实感。

被毛
从被毛构造来看，下毛较少、上毛丰厚。掉毛少，毛色多样。

口吻
从面部到鼻尖的部分。向前长长伸出的模样更为美观。

四肢
四肢修长笔直，肌肉结实。后退的肌肉特别发达。

尾巴
尾巴上翘，装饰毛很多。另外，断尾与否决定了尾巴的长度各异。

泰迪的内心世界

泰迪虽然存在个体差异，但基本的性格和气质大同小异。

聪明，记忆力好

记忆力和学习能力都很高，非常适合新手饲养！

性格温润开朗，包容性好。有旺盛的好奇心

性格稳重，包容性好，能与人和动物和谐相处。好奇心旺盛。

运动神经发达，非常喜欢散步！

有高超的运动能力，毕竟曾经是水猎犬，喜欢游泳！善于社交，喜欢散步。

不乱叫

几乎不会乱叫，但未经合适的训练之前，也有吠叫的情况。如果苦于泰迪乱叫，应该重新规划训练的方法。

太过聪明，以至于有点儿神经质

头脑聪明，对不喜欢的事情会一直耿耿于怀。训练的时候要重视成功体验，强化奖励。

→ p.060 成为善于表扬的铲屎官吧！

☑ 玩具泰迪的"玩具"是指什么？

所谓"玩具"，就是"小"的意思。现在JKC根据体型大小，规定了4种与贵宾犬有关的犬种。 身高45~60cm的标准贵宾犬、35~45cm的中型贵宾犬、28~35cm的迷你贵宾犬，而24~28cm的就是玩具泰迪了。

玩具泰迪　　迷你贵宾　　中型贵宾　　标准贵宾

身高 24~28cm　　身高 28~35cm　　身高 35~45cm　　身高 45~60cm

泰迪的毛色种类丰富

红色

非常适合泰迪熊发型的毛色。小奶狗的毛色最浓，长大以后慢慢变浅。

同为红色，也能根据颜色深浅做各种造型

红色当中，有接近棕色的深红，也有接近杏色的浅红，色差很大。

毛量不多不少，恰到好处。

据说体型小的个体，
毛发的弹性比较小。

杏色泰迪一直给人留下小奶狗般乖巧的印象

温柔的毛色特别惹人喜爱。就算成年以后也会给人留下乖巧的印象。

杏色

毛质没什么弹性，容易打结。

与棕色个体相比，毛量较少。

成年以后渐渐褪色，但原本毛色就比较浅，所以不太容易看出色差。

黑色

与白色和棕色相同，黑色泰迪的毛色属于原种毛
色。色素浓，据说不太掉色。

除了毛发以外，
浑身都是黑色的

除了毛发以外，眼皮、鼻子、嘴巴、爪子等
处全部都是黑色的，特征鲜明。

毛量在泰迪中属于比较多的。

被毛的毛质大多偏硬。

与黑色和白色等原种色相比出现的历史较短，属于新生毛色。长大以后会掉色，变成接近白色的样子。

奶白色

日常要勤于保养，
才能保持可爱形象

颜色淡，些许污垢就会很显眼。毛发容易打结，每天的日常打理非常重要。

稀有毛色。建议从正规宠物店购买。

与其他个体相比，
毛量较少。

毛质柔软，
容易打结。

白色也是原种毛色，可以尝试
各种不同的造型设计。

毛质偏硬，易于修剪。

适合各种造型的毛色，
在宠物爱好者中人气很高

体味小，颜色白，受到粉丝欢迎。
眼皮、鼻子和肉球常为黑色。

白色

与奶白色大抵相同，通常毛量较少。

与黑色和白色相同，属于原种色。褪色以后会变成拿铁色。

通体巧克力色的整体感

属于黑色与红色中间的颜色。眼线、鼻子
通常是巧克力色，惹人喜爱。

毛色浓重，不显脏。

毛质偏硬，自来卷特别丰富。

单纯的 喜爱 可养不好泰迪

获得泰迪的方法有很多。

可以通过宠物店、领养、赠养等方式获得。

爱狗人士

大家，要在饲养狗狗之前获得家人的同意才行！

我以前不喜欢狗。但人们不顾我的反对去宠物店接回了COOL君。

狗狗最初心神不宁，真是很艰难的一段时间！

COOL君来到我们家之前，我们阅读了很多关于养狗书籍，学习之后准备好了笼子等狗狗用品。

在刚开始养泰迪的时候，遇到为难的事情会向别人请教。

把尿垫撕得片甲不留……

和狗狗一起散散步、去狗狗乐园，我自己的世界也变得开阔起来。

照顾狗狗虽然很辛苦，但与狗狗在一起生活了一段时间以后，辛苦也变成了一种享受。

现在，我也跻身成为爱狗人士的一员了！

我在看到被寄卖的小狗时会心生怜悯。

狗狗介绍

售卖

我还会参与动物保护组织的活动。总之就是全心全意地希望小动物们都平安快乐。

泰迪的平均寿命为15岁。

我家的COOL君已经14岁了

都是老爷爷了呢

这个时候，需要冷静地判断如何进行最后阶段的看护。

接泰迪回家

根据自身条件探索接泰迪回家的方法！

养只小狗还是养只成犬，从哪里获取小狗，想必每个家庭准备迎接小狗回家的想法都不一样。

其中不乏从宠物店或宠物市场购买或者从熟人家领养的方式。

从正规渠道购买的好处之一，是能确保狗狗的血统纯正，而且能在自己条件最完备的时候买回来。但是市面上也确实存在黑心狗贩子，需要多加小心。

另外，还可以从熟人、动物保护中心、领养中心等处领养。在动物保护中心的小动物，会有一段寻找领养主人的等待期，但过了这段时间却没被领养，就会遭遇到消杀的结局。所以领养小狗的最大好处，就是能把这些可怜的小动物从悲惨的生命中拯救出来。但是，这里的犬类多样、年龄各异，未见得一定会有让您中意的狗狗。而且这里的狗狗都拥有一言难尽的成长经历，所以在领养之前需要做好完全的准备。

带狗狗回家之前，来衡量一下各种渠道的利弊吧。

我家的COOL君就是从宠物店买回来的。

入手渠道

宠物店

销售从宠物市场和上游产业链入手的小狗。

确认经销商的要点

- 环境是否干净
- 店员知识是否丰富
- 是否过度营销
- 小狗们是否相处融洽
- 是否提供详细的介绍并可以出具血统证明

宠物市场的供应商

专门从事犬类交配、繁殖，并进入市场流通的专业人士。有个人经营，也有公司经营，拥有一定的繁殖规模。

确认供应商的要点

- 并非只饲养流行犬种或某种特定犬种
- 可以明确地回答客户提出的问题
- 环境卫生优良
- 是否过早地把小狗放到市场上销售
- 具备丰富的从业经验

领养

动物保护中心、保健所、各种动物团体等机构。

如何领养

这种机构里大多数都是杂交犬或成犬，同时过去很有可能遭遇过被遗弃、被虐待，偶见罹患精神疾病的狗狗。所以需要主人给予更多的时间和精力去训练和感化。

交接时的确认事项

食品的品牌和食量	确认是否接种了疫苗	完成寄生虫检查	确认身体状况有无异常	确认排泄习惯和洗手间训练
确认食品的品牌和正常食量，同时确认是否会发生呕吐的现象。	确认是否接种了疫苗，接种的次数、接种日期。	狗狗身上的寄生虫会传染给人，需要检查有无。	检查耳朵、眼睛、皮肤、前后脚等体征，确认有无异常。	确认排泄习惯和是否接受过洗手间训练。

小狗的成长迅速，需要很多准备工作

诞 生	0个月	1个月

社会化期

0个月

- 出生时闭着眼
- 吃母乳
- 无法自行排泄，需要狗妈妈舔舐肛门进行刺激
- 2~3周后睁眼睛

1个月

- 开始萌发乳牙，可以吃离乳食
- 可以自行排便

✓ 什么是社会化期？

3~16周期间是社会化期。从这个时候开始，认知自己所处的世界，逐渐接触身边的事物。在这段时间里，好奇心要胜过戒备心，所以要利用这段时间让小奶狗适应各种各样的事情。虽然社会化期结束以后，也有实现狗狗社会化的可能性，但毕竟戒备心已经占领了主导地位，所以要花费几倍的努力才能实现社会化。

☑ 可以购买小狗的年龄段

| 2个月 | 3个月 |

☑ 8~9周接种第一次混合疫苗

2个月

● 乳牙长齐，断奶
● 可以吃干狗粮

3个月

● 混合疫苗的效果充分发挥，可以抱着出门散步。在干净的地方，可以让狗狗自己下地熟悉环境

☑ 小狗的疫苗历程

预防传染病的疫苗历程，要从小狗的前3针疫苗开始。接种疫苗的次数，与小狗从妈妈身体里继承来的免疫抗体有关，而免疫抗体的消失时间存在个体方面的差异，早则8周，晚则14周。如果这段时间接种疫苗，体内尚存的遗传抗体就会盖住疫苗抗体的作用，导致接种无效。这意味着注射抗体形成不了新的免疫效果。之后，一旦免疫抗体的能力消失，小狗就会陷入毫无抗体护身的境地中。因此，推荐在8~14周注射3次疫苗，以便覆盖整个遗传抗体消亡期。

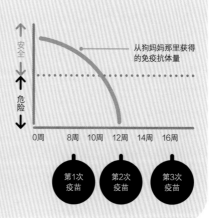

从狗妈妈那里获得的免疫抗体量

☑ 绝育手术

| 4个月 | 5个月 | 6个月 |

社会化期

☑ 社会化期即将完成

☑ 出生后91~120天，要完成狂犬
　疫苗和养犬登记

3~4个月

● 3~4个月乳牙开始变为恒牙

混合疫苗接种完成以后，
就能外出散步啦！

☑ **完成狂犬疫苗和养犬登记是主人的义务**

出生90天以上的小狗，需要注射狂犬疫苗，
并进行养犬登记。这是铲屎官的义务。注射好
疫苗以后，会得到一张"注射完成证明"。同时，
根据不同地区的要求，做好养犬登记，也是每
个狗狗主人的义务。

8个月

● 雌性迎来发情期（8~16个月）

● 雄性有生殖能力

12个月

● 身体发育成熟

☑ 第二性征期是狗狗的思春期

6~8个月是狗狗的第二性征期。跟人类一样，这段时间里狗狗会迎来身体和性征的成熟。有些主人会忧心忡忡地说"家里的小狗忽然就不听话了"，那多半指的是这个年龄段的小狗。以前大喊大叫就能镇压住的狗狗，从这个时候开始出现了抵触的情绪。为了避免这种情况，建议从狗狗小时候开始进行训练。但训练这件事儿，什么时候开始都不晚。那就从现在开始，进行正确的训练吧！

泰迪的平均寿命是15岁

能守护爱犬到最后一刻吗？

　　泰迪的平均寿命是15岁。跟人类一样，小狗的寿命也与日常的医疗、饮食息息相关。现如今超过20岁的泰迪并不稀奇，相对来说是一个长寿的犬种。

　　当然，狗狗年纪大了也需要看护。泰迪体型小，照顾起来并不困难。

　　狗的10岁，相当于人的60岁。这时候有的泰迪依然身姿矫健，但有些却已经步入了风烛残年。如果希望能有责任地把爱犬照顾到最后一刻，那么狗狗的主人也同样需要保重身体。

对老人来说，退休后开始养小狗的话，勉勉强强能够陪伴小狗步入生命的最后阶段。但如果主人自己的身体不太好，就应该提早规划养狗的时间。

另外，从主人自身的年龄来看，如果没精力养小狗，那么可以考虑饲养成犬。但无论如何都应该提前准备好能托付饲养的人，还要对狗狗的生活习惯进行良好的训练，以备不时之需。

除了喜欢以外，更要做好一起生活的准备。

如果把泰迪的年龄换算成人类的年龄

犬	1岁	2岁	3岁	4岁	5岁	6岁	7岁
人类	17岁	24岁	29岁	34岁	39岁	43岁	47岁

8岁	9岁	10岁	11岁	12岁	13岁	14岁	15岁
51岁	55岁	59岁	63岁	67岁	71岁	75岁	79岁

上表数据为本书监修西川文二先生对犬类研究家Stanley Coren的换算表进行加工后得出的。11岁以后即为老年期。

☑ 延长寿命的秘诀

我想永远和我的狗生活在一起。 为了实现这个目标，请务必要重视身心健康。

在身体健康方面，一口健康的牙齿能保证小狗正常的饮食，所以口腔卫生非常重要。 那么我们就需要从狗狗小的时候开始，让它们习惯刷牙的程序。另外，均衡的饮食和适度的运动也很重要。再有就是合理配餐，为狗狗选择最合适的食物。

在心理健康方面，心情放松而愉快的生活方式对狗狗很重要。例如可以与主人亲昵、散步、玩耍或者可以选择安静休息的地方等。

接泰迪回家之前，一举消灭所有不安

问 如何判断对方是否是
动物繁殖的优良从业者？

答 优良的从业人员会接受
繁殖场地的参观。

以便消费者可以清楚地了解到狗妈妈、兄弟姐妹们生活的情况和环境的整洁程度等。这个时候，
请一定要确认被繁育出来的小狗的健康状态。如果从业人员拒绝参观，那多半会有这样或那样
的问题，最好不要选择。有爱心的从业人员，也会咨询消费者的家庭情况、饲养环境、饲养经
验等。如果能建立起互信关系，在买了小狗以后也可以向其咨询。为了保险起见，可以再确认
一下对方是否持有动物养殖业的从业资格。

问 可以从动物保护机构
领养泰迪吗？

答 有些地方会征集泰迪配种
小狗的领养家庭。

保护机构等设施，大多数会征集成犬、杂交犬的领养家庭。如果对狗狗的年龄或血统有要求，
不妨先登记为候补领养家庭。但是在这里等待领养的小动物，通常有过被虐待、被遗弃的历史。
如果希望饲养小奶狗，或者毫无养宠物的经验，还是有一定的训练难度的。作为领养家庭，需
要向保护机构提交申请，根据情况还可能会参加面试。

问 可以从网上购买吗？

答 法律禁止网络上的活体销售，
请防范违法的恶意人员。

销售人员有义务当面对消费者介绍说明事项。而且通过网络或电话等渠道进行的动物活体销售属于违法行为。从这样的渠道获得的小狗，容易产生健康等方面的问题。

问 如果登记了芯片信息，
走丢以后能找回来吗？

答 并非万无一失，还是要避免走失！

如果碰巧被可以读取芯片的机构找到，或许可以联络到主人。但如果没有被这样的机构收留，芯片就无法发挥作用。还是需要在日常生活中防止狗狗走失。另外，不仅要加入芯片，还需要及时登记主人的信息。

问 新手应该养
雌犬还是雄犬？

答 如果做绝育手术，
两者的饲养难度一样。

迎来第2次性征期的时候，雌雄的个性差异开始凸显出来。对异性的兴趣更加强烈、在异性面前无视表扬和食物、出现发情行为等，这些都会成为训练和生活的障碍。在主人眼里，好像它们在刻意而为之。为了双方都能愉快地生活，完成良好的培训，建议考虑绝育手术。

➜ **p.188** 绝育手术好处多多

问 单身一族或上班族，
可以饲养宠物吗？

答 只要做好洗手间训练和社会化训练，
就可以饲养。

单身一族或上班族，都能在做好准备之后愉快地享受养狗的生活。但是，为了狗狗一个人在家
也能独立生活，一定要做好洗手间训练和社会化训练。迎接小狗回家以后的前三天，最好能请
假在家陪它。在这段时间里，也能完成对小狗的洗手间训练。之后，可以灵活借助小狗幼儿园、
培训教室等机构，加深社会化训练。特别是在4个月之前，都是社会化养成的好时机。充分利用
好训练的机会，希望以后共处的时光充满乐趣。

问 会不会让房间里充满异味，
或者到处飘毛？

答 与其他品种相比，
泰迪掉毛少、异味小。

泰迪属于单层被毛犬类，比双层被毛的犬类毛量少，所以掉毛也少。但是，我们这么说的前提
是在定期刷毛的情况下。如果没有定期洗澡，也会因为细菌繁殖产生异味。特别是泰迪的大垂耳，
里面很容易滋生细菌。掉毛少，虽然不容易弄得到处都是毛毛，但必须要每天刷毛。一旦毛发
打结，就不能保持蓬松可爱的形象了。要记得每天做好身体保养啊！

问 狗狗的被毛真的会慢慢褪色吗？

答 被毛的褪色时间存在个体差异。

被毛褪色时间，会受到遗传基因的影响，详细的原因尚不得而知。但如果是因为营养不良、生活压力等原因褪色，可以通过改变饮食习惯、调整生活压力的方法来改善。有一些小狗以前是黑色的，但是成年以后会变成银色，这些都是个例。基本上，褪色以后就无法再恢复原来的颜色了。在狗狗的一生中，毛色可能时而深，时而浅，但从大趋势上看一定会慢慢变淡。伴随年龄老去的褪色，是比较常见的褪色原因，无须特别担忧。我们可以把自然褪色当作狗狗个性的一部分，不要因此改变我们对它的爱。

问 养育时遇到困难，
应该向谁咨询呢？

答 宠物店、动物保护团体、宠物医院等。

关于教养、训练、不良行为等与饲养方法有关的问题，可以向购买狗狗的宠物店、领养狗狗的机构，或常去的宠物医院咨询。因为在狗狗与主人接触之前，他们是与狗狗有过直接交往的人。如果能够信任对方，可以征求一下他们的意见。另外，可以考虑送狗狗去训练学校。那里的专业人士会客观地发现外部刺激或问题行为的根源，从而提出有效的解决方案。另外，还可以向宠物医院咨询饲养狗狗的方法。

问 如果家里有其他宠物，或者已经养了
别的小狗，有什么需要注意的吗？

答 有些动物不适合在同一个房间饲养。

泰迪属于包容性较强的小狗，能与成年猫咪、泰迪或其他犬种和谐相处。但在第一次碰面的时候，要注意确保安全距离，然后尝试着相互熟悉。如果家里有仓鼠、小鸟等可能会被小狗当成猎物的动物，则需要格外看护。泰迪不擅长与神经质的动物相处。如果家里饲养了这种类型的动物，需要安置在其他房间，或者采取一些隐匿饲养空间的特别措施。

首先准备好全部用品！

房间

便携箱（塑料材质，可手提）

准备一个塑料材质可手提的便携箱。选择足够大的款式，让狗狗身处其中也能有前后转动身体的空间。

笼子

笼内可以铺尿垫，作为洗手间使用。长大以后也能使用，准备大一点儿的款式。

床

在狗狗完成了洗手间训练以后，建议准备狗狗专用的宠物床。

规划好房间布局，保证彼此生活的便利性

在购买各种宠物用品之前，首先要重新规划房间的布局。泰迪的运动神经丰富，四肢骨骼健壮。但如果从高处猛然跳下，还是会有脱臼和骨折的风险。所以如果家里的家具很高，要提前做好防止狗狗攀爬的对策。在布局上下功夫，还包括地板防滑措施。例如铺地毯，就能有效改善脚底打滑的问题。推荐您在准备好了这些环境以后，再购买各种用品。

洗手间用品

尿盘

选择适合成犬体型使用的大小。可以在狗狗稍成年以后再购买。如果已经准备了带托盘的笼子，就无须重复准备了。

尿垫

需要大量准备。尿垫种类繁多，选择狗狗喜欢用的款式。

杀菌除臭剂

杀菌除臭的必备法宝。一旦狗狗在洗手间以外的地方小便，留下了气味，以后就经常会在相同的地方占地盘。

哪些需要提前准备，哪些可以稍后准备

为了让小狗进家门之前做到万事俱备，请确认好以下用品是否已经齐全。

- 笼子
- 宠物包或便携箱
- 杀菌除臭剂
- 防啃喷雾
- 狗粮（综合营养餐和零食）
- 饭盆、水盆
- 零食包和葫芦胶
- 尿垫
- 玩具
- 项圈和牵引绳
- 护理用品（刷子、指甲刀、牙刷等）
- 床

其中的护理用品和床，可以在狗狗适应了主人的抚摸和生活环境后再购买。

食品及相关用品

干粮

狗粮

在刚接狗狗回家以后的一段时间里，要继续喂食跟以前一样的狗粮。伴随其身体成长，再逐渐更换成其他狗粮。

→ p.044 选择综合营养餐作为泰迪的主食！

咬胶·磨牙棒

可长时间享用的点心，适用于主人不在家的时候。质地柔韧耐嚼，可以在换牙的时候用。

宠物香肠

含盐量适中的香肠。可以放在葫芦胶里，在训练的时候用来作奖励。

水盆·饭盆

为了防止耳朵进水，建议选择盆口稍微内倾的款式。不锈钢和搪瓷产品易于清洗，不易碎裂，使用起来很方便。

零食袋

在训练的时候，佩带在主人的身上，随时取出零食作奖励。

→ p.061 取出零食的方法

葫芦胶

不易咬坏的橡胶玩具。可以把香肠或零食塞在里面喂食。最适合用来训练。

→ p.061 葫芦胶的使用方法

要点

用手喂食

本书的理念，是要让狗狗意识到训练时间=吃饭时间，所以推荐用手喂食。同时这个动作的意思等同于狗狗完成了训练的表扬。与用饭盆喂食相比，用手喂食可以强化亲密关系和信任感。如果全部用手喂食，就不需要买饭盆了。

其他

项圈

推荐如图这种可以调整长短的项圈。可以安心地控制住狗狗的行动。

→ P.096　项圈的佩戴方法

牵引绳

建议选择长度为1.6~1.8m的尼龙牵引绳。伸缩款并不适合日常使用。

→ p.097　拿牵引绳的方法

玩具

准备毛绒玩具、绳子、球球等宠物玩具。为了避免狗狗误食，尽量挑选它们无法吞咽的尺寸。

防啃喷雾

嘴一凑过去就能闻到讨厌的味道。用于不想让狗狗啃的地方。

指甲刀

刷子

等狗狗适应了肢体接触后再准备即可。

身体护理用品

刷子、指甲刀、牙刷等用于身体护理的必需品。

→ p.150　适应身体保养用品！

刷牙用品

梳子

选择综合营养餐作为泰迪的主食！

基本上，只要喂食综合营养餐就可以了！

与过去相比，狗粮的种类和质量都已经显著提升。但恐怕这也导致主人不知应该如何选择狗粮吧。

作为大前提，请选择"综合营养类"的狗粮作为主食。狗粮，可以分为适合作为主食的综合营养餐以及除此以外的普通餐、副食和零食等。这些内容都会在包装袋上标明。除综合营养餐以外，其他都是可有可无的品类。

用人类来比喻的话，除了综合营养餐以外的食品类别就像蛋糕一样。虽然美味，狗狗吃起来会感到开心，但营养不全面。所以适合在训练的时候作为奖励。注意只能少量投喂。

每日必要的食量，可以分成几次用手来喂食

随着年龄、体重、活动量的变化，每日的食量会有所不同。可以参考狗粮包装袋上标明的喂食量，但也别忘了定期称量体重，并与主治医生商讨最合适的食量。

综合营养餐

品牌

年龄

功能

选择狗粮的标准

选择狗粮的时候，请留意包装上注明的各种标签，例如"调理毛球""增加毛发光亮度"等。但究其根本，这些无外乎只是附加效果。与此相比，请选择兽医推荐，而且值得信任的厂家。另外，请选择与实际年龄匹配的狗粮。

　　零食的投喂量，应当控制在每日必须热量的10%以内，同时要从主食中减掉相应的热量。请注意防止热量超标以及可能发生的营养失衡问题。

　　如p.42所述，本书推荐用手来喂食。这样除了可以增强训练的奖励效果以外，还能增进感情和互信关系。

　　每天的投食次数最少3次，最多6次（每次间隔3小时）。而每次投喂的时候，都不要忘记进行训练。这样一来，狗狗会意识到：吃饭时间 = 训练时间。不要担心每天投喂6次会不会有点儿多。对于同样食量来说，少食多餐才能减少对胃部的负担，起到预防肥胖的作用。

如p.42所述

你知道吗？　**这些是不能喂给狗狗吃的东西**

有人喜欢喂食自己亲手做的狗粮，但要特别注意人吃的食物当中存在会导致犬类中毒的食材，严重的情况会导致狗狗死亡。有的东西狗狗可以吃，有些只要一点点就会产生过敏反应。另外，直接取用人吃的食物喂给狗狗，味道肯定太重。这不仅会影响今后狗狗吃狗粮的习惯，也会诱发心脏、肾脏器官的疾病。

✕ 葱类
（洋葱、大葱、韭菜、大蒜等）
✕ 巧克力
✕ 生肝
✕ 生鸡蛋
✕ 葡萄
✕ 菠菜
✕ 生肉

宠物窝不要放在
空调直吹的地方

如果睡在空调正下方，狗狗容易
生病。请注意床的摆放位置。

适宜的温度与湿度

夏	温度：26~28℃	
	湿度：50%	
冬	温度：25~27℃	
	湿度：50%	

彻底清除多余物品

小奶狗的好奇心很强，一旦误食
人类的药品等就会产生致命的危
险。所以要彻底打扫狗狗生活的
房间。

在玄关或房间门等
处设置围挡

在危险场所的出入口设置围挡，
防止狗狗跑丢。可以用婴儿围挡
替代。

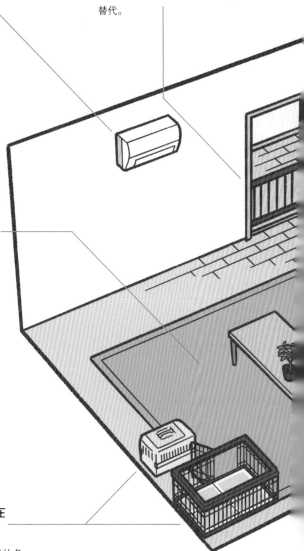

把笼子或宠物床放在
房间的角落

把笼子或宠物床放在房间的角
落，避免日光直射和空调直吹。

准备好一起生活的房间环境

房门常开的时候，放好门挡

大风有时候会把门吹得关上。为了防止宠物受伤，最好在开门时放好门挡。

不要选择支脚过高的家具

狗狗膝盖关节脆弱，建议选择支脚较矮的家具。也可以配备宠物台阶。

用栅栏隔离小太阳

靠近以后难免被烧伤，所以要用栅栏隔开。可以灵活运用闲置不用的围挡。

需要留意的物品

电线   观叶植物

香烟·烟灰缸   项链等小饰物

防止脚下打滑

在光滑的地面上跑动，会导致狗狗的腰腿疼痛。可以考虑铺地毯、防滑垫，或者在地面上涂防滑胶。

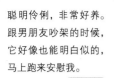

聪明伶俐，非常好养。跟男朋友吵架的时候，它好像也能明白似的，马上跑来安慰我。

YUI 女士

毛绒绒，肉乎乎，就是很可爱！

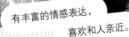

有丰富的情感表达，喜欢和人亲近。

铲屎官专访

泰迪的魅力在哪里？

亲近主人！这种亲人的性格很招人喜欢。剪毛以后看起来好像变了个样子，容易打扮。

MOG 妈妈

和狗狗在一起的每一天都充满了欢乐的气息。

体味小，过敏的人也能养。好像把我家孩子当成了小伙伴，每天家里都笑声不断。

KUREMOKOARA 兄弟

非常聪明，
容易饲养。

有自己的情感表达，
会撒娇，能听懂我的
话。性格虽然不一样，
还挺有趣的。

TOMO 先生

眼里只有我。我洗澡也
好，上厕所也好，都会
跟着过来。我几乎每次
回头都能看见它。

SYUSYU 女士

聪明伶俐，容易饲养，
听主人的话！

一进家门，它比谁都
更快地飞过来，让每
个家庭成员都感受到
最高迎宾礼遇。不仅
聪明，它还能让家里
人开怀大笑。

Juna 女士

非常会对家人示爱。

很多可选的发型和服饰。

一看到它那天真无邪的双眼，多烦恼的事情都会抛到脑后。"为了这孩子也得努力呀"，情绪很快就调整好了。

SIZUEMI 先生

可爱的小脸。

跟着季节改变发型和服饰，挑战各种时尚风格。看起来它的表情好像也在变呢。

TOMO 先生

不乱叫也不咬人，性格平和，亲人。

ANKORO 女士

家人交谈时的话题中心，活跃了家庭气氛。

家人闲聊的时候，最常说的就是它。能听懂"散步""零食"等词汇后，还学会了在我身边耐心等待的小技能。

YUIRIN 女士

能跟所有人和平相处。

善于学习。

我回家的时候，它会跳着出来迎接我。一看到它，所有的疲惫都一扫而空。

YUKO 女士

给我莫大的安慰。

能倾听我的心事，聪慧无比。无论何时都能朴实地表达对我的喜爱，让我忘掉所有不开心的事情！

Jun-komtan 女士

我对动物过敏。但是因为泰迪不爱掉毛，所以我也能安心饲养。

Miyu 女士

不会掉毛，好打理。

小尾巴用力摇摆着跑到我身边的样子简直太萌了。而且能剪各种发型，挺好的。

大爱泰迪先生

适合很多款式的服装，享受时尚感。

好像很喜欢穿衣服。每次我拿着自己亲手做的衣服给它看时，它都探着小脑袋往里钻。

Mizu 女士

性格开朗，善于社交。

我家小孩刚进入叛逆期。但托这只狗狗的福，我家小孩的情绪日渐安稳，叛逆期有所好转。

TYAI 女士

情感丰富，天真烂漫。

性格外向，一起出门的时候充满乐趣。

Sheery 女士

好像毛绒玩具一样可爱。

051

香草的迎宾礼

香草能听懂的魔法词汇

我回来了。

香草 小心翼翼 吉田

有那么几个词汇，无论我家孩子在做什么，只要听到就会条件反射般做出反应。

嗒嗒嗒

啊~好累！

嗯~ 耳朵一动

嗯~吃口点心出门散步去吧！

哎！

哇！

噜！ 啊！

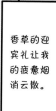

香草的迎宾礼让我的疲惫烟消云散。

好啦，好啦！小香草，我回来了！

我听到了！

"点心"和"散步"是魔法词汇。只要听到这两个词，香草就会瞬间移到我身边来等着。

②

第 一 阶 段 尤 为 重 要!

训 练 和 社 会 化

以 奖励 为中心的训练方式！

你知道吗？以前训练狗狗的方法大多数都是体罚。

不能这样！

被咬了要把拳头塞进小狗的嘴里，被撞了要打小狗的头。

这么做的道理，应该是想让小狗通过体罚学会哪些事情是不能做的。

不是这样吧！

瑟瑟发抖

也会效仿狼的习性，从后脖根处直接把小狗拎起来。

或者把不想被主人发现的事情隐藏起来。

但体罚只能增加小狗的攻击性，然后对主人心生恐惧。

汪汪汪

来这边。

零食

嗅来嗅去

嘘嘘~

这样的关系，对彼此来说都很不开心。不是吗？

这样才能搭建良好的关系。

傲娇！

好了好了，好孩子！

其实在训练狗狗的时候，更应该通过给零食和表扬的方法，让狗狗理解人们希望它们做的事情！

想要让它学习，先让它体会！

狗狗不懂人类的语言，只能在体验中完成学习

毫无疑问，狗狗不会理解人类的语言。您可能会想"可是我跟它说坐下，它不是马上就坐下了吗"，但其实只是因为它们记住了这个信号而已。夸张地说，我们甚至可以教会狗狗在听到"站起来"这个词汇的时候，做出"坐下"的动作。

所以，狗狗并不能理解"这样做、那样做"的语言，只能让它们通过体感训练理解我们想让它们做的事情和不想让它们做的事情。而在这个过程中，是需要主人们下一些功夫的。一旦狗狗体验到了淘气的滋味，那就相当于给了它学习淘气的机会。

让它们多体验希望学会的行为

要点

作为信号，要让狗狗每次都听到一样的词汇

每次排泄的时候，都对狗狗说同样的词汇，这个词汇会变成诱导排泄的信号。对导盲犬训练时，经常用到"汪、嘘嘘"等拟声词，然后让狗狗理解"汪"是小便，"嘘嘘"是大便的意思。

在尿垫上排泄

对于需要它们学习和执行的事情，主人要诱导它们真正地做出来，然后给予奖励。只要狗狗能认识到"奖励=好事发生"，就能利用这个条件反射做很多其他的训练。

同磨牙胶等固定的玩具做游戏

狗狗"总是想咬咬什么"，这是它们的本能。特别是离乳开始到生出恒牙为止的7~8个月时，啃咬的欲求格外强烈。这个时候，要培养好"只能咬限定物品"的习惯。

惩罚式训练，百害而无一利

狗狗淘气的时候当场抓住对它进行呵斥，是毫无意义的。呵斥，虽然能向狗狗传递"发生了什么不好的事情"的情绪，但并不能让它理解到底是哪里有问题。从结果来说，狗狗并不会改正这种行为，从此只会隐藏这种行为而已。

而且，"用惩罚的方式进行训练"的弊端已经非常显而易见了。科学实验证明，持续受到惩罚的小动物，要么试图逃离生活的环境，要么变得更有攻击性，要么变得郁郁寡欢。呵斥狗狗确实是百害而无一利的行为，对彼此毫无好处。

下功夫避免狗狗体验到不应该学习的行为！

在地毯上排泄

排泄这件事，对狗狗来说是一件很舒服的事情。要是它们找到了自己喜欢的地方，就总会在那里排泄。按照本书介绍的方法进行洗手间训练，一定不会失败。

啃家具腿

对于那些不想被啃坏的东西，要提前做好预防。例如在家具上喷上防啃喷雾，或者粘贴一片铝塑板等。提前采取对策，是预防不良行为行之有效的方法。

偷吃

在狗狗可以接触的范围内要是有吃的，无异于告诉狗狗"这里有好吃的"。一定要把食物收拾干净，防止狗狗学会偷吃的行为。

要点

及时制止不良行为

虽说不应该呵斥狗狗，但也并不意味着对狗狗的不良行为放任。就体感训练来说，对某种行为放任，就相当于让它学到了这个行为。所以，当狗狗做出不良行为的时候，应当及时制止。然后，尽量做好预防措施，防止再次发生。

了解狗狗的学习模式！

通过表扬，教会狗狗正确的行为模式！

没必要冥思苦想。就连人类的孩子，也会因为被家长表扬，产生出"还要这么做"的念头；而遭遇了恐怖的体验后，就会远离危险场所。狗狗的脑回路也是一样的。如下表所示，训练正确的行为模式时，应当采用模式A。也就是说，通过表扬来训练。在训练正确行为的时候，一定要给予零食表扬。

而对于那些不希望它们进行的行为，可以通过模式B来减少发生率。但如前文所述，呵斥和惩罚的弊端太多，基本上不建议采用。

狗狗的学习模式

喜欢的事情

A
发生喜欢的事情时，
该行为会增加

做出了正确行为以后，可以给点儿零食来表扬，也可以用语言进行赞美。这样一来，这个行为就会增加。

例 在尿垫上小便以后，
要予以表扬

↓

教会狗狗上厕所，完成洗手间训练

讨厌的事情

B
发生讨厌的事情时，
该行为会减少

一种好像天经地义的惩罚感。防啃喷雾就属于这种训练方法。

例 椅子腿是苦的

↓

今后不啃了

C
没有喜欢的事情了，
该行为反而会减少

任意乱叫有人理，那以后就还会汪汪叫。要无视那些任意乱叫的行为。

例 想吃饭，
叫了两声没人理我

↓

不叫了

D
没有讨厌的事情了，
该行为反而会增加

需要慢慢扩大狗狗的包容度。但是，咬人这种行为还是很过分的，需要注意。

例 心情不好咬了铲屎官的
手，他停下来了

↓

以后反复咬

请参考刊载了最新正确信息的培训手册

　　20世纪90年代，大家普遍相信一种叫作"服从论"（狗狗不服从主人的命令，是因为主人没有体现出完善的领袖行为）的训练狗的方法。当时，在关于训练狗的书籍中，基本都以此为核心介绍了各种训练方法。而现在，这种理论已经被完全否定了。尽管如此，现在市面上仍然混杂着很多或对或错的想法和知识。那么如何分辨呢？如果您手头的书里，提到了催产素的相关内容，同时没有出现服从、领导、忠诚等关键词，那就可以放心参考了。

被误解的错误训练方法

随地大小便后体罚

做错事以后关进笼子里

被咬了以后把拳头塞进狗狗嘴里

拎住脖子

发生非理想行为后训斥

捏着嘴鼻施加恐怖感

成为善于表扬的铲屎官吧！

表扬的时候，食物意味着"好事发生"

所谓表扬，就是让狗狗感受到"好事发生"。对于所有狗狗来说共同的"好事"，无外乎是"提供狗粮"。这种行为是每一位主人都能做到的。

抚摸小脑袋瓜、赞美的语言，虽然都是"好事发生"，但如果在双方的互信关系还没形成的时候，这一招是不管用的。被不喜欢的人抚摸也好，赞美也好，狗狗并不会由衷地感受到喜悦。所以在抚摸和赞美的时候，可以同时喂食狗粮。这样一来，狗狗就会把这些动作也当成"好事发生"的一部分。

表扬的方法

1　赞美词汇+食物+抚摸（表扬三件套）

2　赞美词汇+食物

3　食物+抚摸

4　只有食物

5　赞美词汇+抚摸

6　只有赞美词汇

7　只有抚摸

刚开始的时候，建议每次都给点儿零食。渐渐减少零食分量，适应后可以切换到没有食物的表扬方式。

给予表扬的关键词

喂食狗粮之前，每次都用固定的词汇进行表扬。这样狗狗会记住这是"好事发生"的信号。今后只要听到这个信号就会欢欣雀跃的。

表扬词汇例
good、好孩子、天才等。

喂食

从零食袋里取出零食，用手递给狗狗吃。

一边喂食一边抚摸

用没拿零食的手抚摸狗狗。可以抚摸的范围在胸前和肩膀周围。如果一开始就抚摸头顶，会触发戒备心。

取出零食的方法

1 必须使用专门的小袋子

用挂钩把零食袋挂在裤腰带上。注意零食袋的位置应该在身后，以免被狗狗看到。避免使用开合有声音的零食袋。

2 静悄悄地取食

取食物的时候尽量不要发出声音。别担心弄脏袋子，要直接把零食放在袋子里。

拿零食的手法

1 放在食指和中指中间

将食物放在食指和中指中间第1~2关节处。小零食可以用手指夹住。

2 轻轻握拳捏住零食

用手包裹住食物，手靠近狗狗鼻尖的时候，用气味诱导狗狗做出正确行为。

葫芦胶的使用方法

1 用手蘸取香肠或狗粮

用手取一点儿碾碎的香肠或狗粮。

2 放进葫芦胶里面

手指伸进葫芦胶里，把食物放在里面。

在狗狗舔食葫芦胶的时候，可以腾出手来完成肢体接触

狗狗需要一点儿时间来舔食葫芦胶里的食物，主人正好可以趁机完成梳毛、穿衣服等动作。

掌握解决上厕所问题的秘诀！

COOL君啊，现在可是会好好上厕所了……

哗啦啦

还时常在宠物床上小便，可愁人了。

明明在宠物店店员的建议下提前准备好了笼子。

小时候，经常会把尿垫撕碎。

刺鼻的味道？

在不想让狗狗小便的地方，喷上味道刺鼻的喷雾。

床的旁边是洗手间？

明明怪你弄错了笼子里的布局。

不存在的！当时真花了好长时间，才教会它上厕所。

结果它竟然熟视无睹照常小便……

下一页

洗手间训练的成败在一开始就决定了!

熬过第一周，之后就轻松了

与狗狗在一起生活，必须要进行洗手间训练。本书中介绍的洗手间训练方法，是训练导盲犬学员的方法之一。其实，只要狗狗接受过这种训练，之后几乎不会出现任意排泄的问题。最开始需要每3小时一次的入厕陪伴。但通常狗狗们在3天到1周就能学会洗手间规则，然后一个月后做到完美无瑕。所以，只要熬过第一周，之后就轻松。如果主人不能一直陪伴在狗狗旁边，可以灵活运用宠物尿垫。

第一天就在我家获得了成功入厕的体验

第一天，主人带着便携箱去接狗狗，让狗狗进入便携箱以后一起回家。这时，千万不要忘记确认最后一次排泄的时间。

到家以后，不要马上把狗狗从便携箱里放出来。如果这样，很难保证狗狗不会随地大小便。回家后暂时让狗狗继续待在便携箱里，计算好与最后一次排泄的时间间隔。大约3小时后，小便积蓄差不多了，此时我们可以把狗狗转移到铺好了尿垫的区域，利用这个机会训练狗狗如厕。用这个方法，狗狗第一天就在我家获得了成功如厕的体验。

便携箱和笼子的区分使用

便携箱

对于狗狗来说，笼子仿佛是能让自己安心的巢穴一样的地方。所以它们是断然不会在便携箱里排泄的。

笼子

开始的时候，要在笼子里铺尿垫，然后进行洗手间训练。也就是说，对于便携箱和笼子要进行区分使用。

洗手间训练的循环

做完运动以后返回笼子

每3小时里，小狗大概有2.5小时在睡觉，其余0.5小时在活动。以这样的循环规律作参考，活动时间差不多结束的时候，就要让狗狗回到笼子里休息了。

小狗睡觉时间很长

2个月的小狗，会用全天5/6的时间来睡觉。即使到了3个月，睡眠时间也会占到4/5左右。睡觉的时候，把狗狗放进笼子里，会让它们感到很安心。

睡觉
@便携箱

疲惫

起床

运动
@客厅

排泄
@笼子

玩具游
戏、训练
@客厅

在房间里自由活动的时候，不要离开主人的视线

可以让狗狗在房间里自由探索，但这段时间里只要发现了有上厕所的征兆（走来走去、嗅地板的味道），就马上让它到洗手间区域去。当然，也千万不要让狗狗体验到淘气行为。

用投喂食物的方法来表扬训练成果

在这段从笼子里出来的磨合时间，我们可以一起进行游戏和社会化训练。别忘了用狗粮来进行表扬。

距离上次排泄3小时以后，从便携箱里抱出来让它排泄

洗手间训练基本上是3小时一循环。小便的时间，大概为"月龄+1小时"来计算，也就是说，2个月小狗的小便时间间隔为3小时。

便携箱放在笼子旁边

到了如厕时间，最好打开便携箱就可以把狗狗移动到笼子里，所以要相邻设置。

便携箱里不要铺尿垫

尿垫会强化排泄习惯。不要在不希望狗狗排泄的地方用尿垫。

栅栏里面铺满尿垫

最初的时候，"笼子＝洗手间"。所以请在笼子里面铺好尿垫。

降低便携箱内的亮度

避免视觉刺激。在便携箱外面盖一层布，降低光线强度。

便携箱和笼子的摆放位置

1 到了如厕时间，就把狗狗抱进笼子里

上次排泄3小时后，把狗狗放进笼子里。如果有尿，会立即排泄。

好孩子

2 排泄后给予奖励

如果狗狗顺利在笼子里完成排泄，别忘了使用表扬、喂食、抚摸的"表扬三件套"来强化正面行为。

(+α) 让狗狗记住排泄时的信号

放进笼子里以后，如果能马上排泄，可以用"嘘嘘"等固定词语强化排泄的信号。

要点

过了1~2分钟狗狗还是没有小便怎么办？

说明此时没有小便，可以重新放回便携箱里。30~60分钟以后再重新尝试。

夜间洗手间训练

夜晚也要坚持进行洗手间训练

白天需要每间隔3小时进行一次训练，晚上可以让狗狗在可以憋住的情况下尽量保持睡眠状态。夜间可以憋尿的程度通常是"月龄+2小时"。时间差不多的时候，可以把狗狗叫起来排泄一次。

如果无论如何晚上都起不来怎么办？

与便携箱连接

如果这样，训练效果多少会有所下降，但可以考虑用绳子把便携箱和笼子的门相对固定起来。如果担心拼接处脱节，可以用瓦楞纸等把缝隙塞紧。

3　在房间里玩耍

小便后，可以让狗狗离开笼子与主人互动。这个时候，可以进行社会化训练，也可以一起玩玩具。

4　30分钟以后再次放回便携箱里

玩耍30分钟以后，让狗狗再次回到便携箱里。用食物或玩具把狗狗诱导回便携箱里，上面盖上布让它休息。

要点

在便携箱里投喂食物

从便携箱的缝隙投喂，给狗狗留下"在便携箱里会有好事发生"的印象。

5　反复进行 1 ~ 4 的步骤

洗手间训练　阶段2

通过诱导进行排泄训练

1 用食物诱导

可以教狗狗自己移动到笼子里去。每次到排泄时间时，打开便携箱的门，用食物把小狗诱导到笼子里。

2 单独用手诱导

反复进行数次食物诱导以后，狗狗就会记得走到笼子的过程。然后尝试没有食物，只用握着食物一样的手势诱导狗狗进入笼子。

洗手间训练　阶段3

慢慢拉开便携箱和笼子的距离

✓**检查！**

洗手间训练在1周以后就可以告一段落了

第一天只进行阶段1，第二天进展到阶段2。快的话，第三天到一周就可以完成阶段3的训练。之后1个月的时间里，要每天重复进行训练，强化成功体验。如果1个月的时间里都没有在洗手间以外的地方排泄，就大功告成了。

慢慢拉远从便携箱到笼子的距离

先用食物诱导，然后单独用手势诱导。成功后再拉远距离，反复进行。最后无论笼子放在房间的哪个地方，狗狗都能移动过去。

对讨厌便携箱的狗狗进行便携箱训练

1 把食物放进便携箱里，诱导狗狗进入便携箱

打开便携箱门，在最里面摆放十几粒狗粮，诱导其进入。如果开门声会吓到狗狗，可以把门取下来。

2 狗狗出来前，继续喂食

分次从便携箱入口或侧面缝隙处喂10粒左右狗粮。逐渐延长投喂狗粮的间隔时间，例如缓慢地在1分钟之内喂完10粒狗粮。

3 关门，继续喂食

关门，继续进行 **2** 的动作。在狗狗开始骚动之前打开门，暂时不要喂食。继续延长投喂时间，让狗狗习惯在便携箱里等待。

4 用布盖住便携箱，继续喂食

完成以后，用布盖住便携箱，继续从缝隙处慢慢喂食。在狗狗开始骚动不安前打开门，暂停喂食。

5 慢慢延长待在便携箱里的时间

习惯 **4** 以后，延长每次投喂10粒狗粮的时间间隔。最后，让狗狗适应"主人不在身边"的状态。投喂1粒狗粮以后走开；返回，再投喂1粒；反复进行。

要点

无视在便携箱里的叫声

狗狗在便携箱里呜呜叫的时候，绝对不能投喂食物或者打开门。让狗狗懂得"叫也没什么好处"。但如果狗狗叫个不停，可以伸手轻叩便携箱，或者把什么东西投掷到便携箱旁边，给狗狗一个停下来的契机。

社会化

社会化

社会化 是日常生活的必备要素！

在这段时间里，还要学会跟其他狗狗相处。

叮咚

所谓社会化，除了可以被人抚摸以外，还要习惯被人抱。

还要适应"人类社会里的各种刺激（人车混杂的各种声音等）"。

哦~好多要做的事情呀，从哪里开始好呢？

也就是说，社会化对狗狗来说必不可少。

要是不能实现社会化，不仅没办法开展之后的训练，

就连日常生活都会受到一定影响。

下一页

从下一页开始，我们开始详细了解社会化的知识。

从最小的刺激开始慢慢升级，按部就班地养成好习惯。

社会化 = 临界线

要在马上触及界线时，让好事发生

狗狗的心理接受程度，大致可以分为感到恐惧的"预警领域"和没有恐惧感的"安全领域"。在这两种心理状态之间的界线，叫作临界线（详见右图）。社会化训练的重点，在于马上触及界线时，好事就发生了。这样反复尝试以后，狗狗的心理界线会慢慢提高，从而拓宽"安全领域"的范围。

社会化训练比教会狗狗信号更重要

在第3章中，我们介绍了通过固定语言信号实现特定动作的训练方法。这些信号在生活中对狗狗作用很大，但本章节将要介绍的社会化训练更加重要。毕竟，出门散步时看到其他狗狗感到兴奋或者感到有压力、习惯不了吸尘器的声音等，就没办法跟主人长期生活在一起。再简单点儿说，如果狗狗不习惯被人抚摸，那主人就无法帮它做身体护理。

所以，请优先进行社会化训练吧。第3章的训练，可以安排在社会化训练的后面。

未实现社会化的狗狗行为

- ✓ 见到陌生人乱叫或躲避
- ✓ 去陌生的地方感到兴奋
- ✓ 对声音的反应很敏感

☑ **如果不能实现社会化，狗狗自身也会有莫大的心理负担**

社会化不足的狗狗，心理常处于有压力、有恐惧的预警状态。由此，可能会衍生出叫个不停、啃食癖、攻击性强等看门狗的特征。要是您觉得自家狗狗的社会化有所缺失，可以花些时间重建社会化心态。如果自己解决不了，可以求助于专业训练师。

拓宽"安全领域"是实现社会化的过程

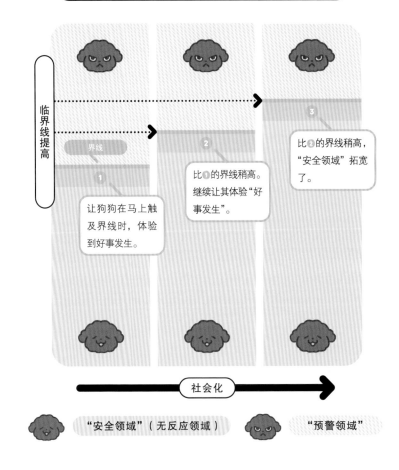

临界线提高

界线

① 让狗狗在马上触及界线时，体验到好事发生。

② 比①的界线稍高。继续让其体验"好事发生"。

③ 比②的界线稍高，"安全领域"拓宽了。

社会化

"安全领域"（无反应领域）　　　　"预警领域"

为什么说吠叫是进入预警状态的象征

进入"预警领域"后，不仅不吃食，同时还常见剧烈的吠叫。这个时候，身体里的肾上腺素大量分泌，界线会快速下降好几个台阶。要回到原来的状态，需要花费一段时间，一旦如此狗狗很难从兴奋状态中冷静下来，而且恐怖感还会让狗狗的身体颤抖不停，甚至咬人。作为主人，需要清晰地掌握界线的临界值，慢慢克服困难，尽力调整。

不抗拒肢体接触是社会化的基础

让狗狗习惯肢体接触

我们在这里讲的方法，包括可以帮助狗狗习惯被主人抚摸全身、打开嘴巴、被抱在怀里。如果狗狗适应不了这些事情，今后很难对它进行身体护理，也不能确认身体和皮肤的状态，更没办法在它生病的时候喂药。你看，这是不是关乎爱犬寿命的重要事情？

这样的社会化训练，需要从接爱犬回家的第一天就开始进行。最好趁每天进行洗手间训练（从笼子里把狗狗抱出来）时进行。

习惯抱抱

1
抱着喂食

把狗狗抱在膝盖上，马上喂食狗粮。让狗狗意识到"抱抱=好事发生"。

2
大拇指深入
项圈中

把拇指伸进项圈中，防止狗狗跌落。如果狗狗不小心从膝头跌落，就会形成"抱抱=讨厌的事"的印象。请务必避免该情况发生。

3
抚摸

用手指在狗狗的胸前、肩膀、身体等部位轻轻画圈，慢慢抚摸。让狗狗意识到"被抚摸=好事发生"。

把狗粮放进葫芦胶里，抱起狗狗让它舔食

有些狗狗，就是不会老老实实地让人抱。这种情况下，可以借助葫芦胶的帮助。把狗狗抱起放在膝头，让它舔食葫芦胶里的食物。

抱狗狗的方法、4个基本姿势

膝上，面向正面

让狗狗的屁屁和尾巴嵌在主人大腿中间，右手拇指伸进项圈里。

膝上，面向侧面

让狗狗站在或坐在主人膝盖上。主人右手的拇指伸进项圈，左手扶住狗狗的身体。

横抱

主人的左手伸进狗狗腋下，把狗狗固定在自己的侧面，右手拇指伸进项圈里。

双腿间

主人双膝着地，把狗狗控制在膝盖之间。右手拇指伸进项圈里。

移动方法

双手插进狗狗腋下，保持狗狗的身体与地面水平，提起来

如果身体与地面没有保持水平，狗狗会有种不稳定的感觉。适用于做洗手间训练的时候把狗狗从便携箱运到笼子里。

拉起前腿把狗狗拎起来

这个姿势会给狗狗的前腿造成很大的负担，而且也容易引发受伤或脱臼。

错误!

适应被捏住口鼻的状态

1 把食物夹在小手指一侧，或者在小指上涂抹芝士

把食物夹在小手指一侧。对于叼到食物马上就抽身而退的狗狗，可以考虑把芝士涂在小指上，让狗狗花费点儿时间舔食。

2 握圆手掌喂食

把手握成圆弧形，接近狗狗。狗狗会伸鼻子过来闻味道。开始的时候，只要让狗狗吃就好了。逐步适应以后，试着轻轻握住狗狗的口鼻部位。

3 在没有食物的状态下握住口鼻

顺利完成 **2** 以后，可以尝试在没有食物的状态下握住狗狗的口鼻。握住以后，应该给予食物奖励。

捏住口鼻可以做的事情

刷牙

喂药

诊治

如果狗狗不习惯被捏住口鼻，或者不习惯张嘴，那主人很多时候都会束手无策。

让狗狗习惯主人 把手指伸进嘴里

1 在指尖涂抹芝士

食指涂抹犬用芝士或其他香味浓厚的食物。

2 让狗狗舔食芝士

向狗狗伸出食指，让它舔食。

3 把手指伸进嘴巴里

趁狗狗舔食的时候，把手指伸进嘴里面（牙齿和面颊之间），触摸犬牙和口腔深处的牙齿。

让狗狗习惯 嘴巴被打开

1 投喂狗狗

拿1粒狗粮，让狗狗闻气味，并让它舔食。

2 趁狗狗舔食的时候，抓住狗狗的上颌骨

趁狗狗痴迷于舔食的时候，用另一只手搭在口鼻之上，支撑上颌骨。

3 打开嘴巴，把食物放进去

向下推下颌骨，把食物放进嘴巴里。习惯以后可以省略 **1** 的步骤，从 **2** 开始。

成为无惧生活噪声的泰迪

习惯日常生活中的各种声音，消除可能导致恐惧的因素

为了在人类社会中生活，狗狗必须要适应家里和户外的各种声音。例如，吸尘器的声音。不少狗狗面对震耳欲聋、不停转动的吸尘器时，要么不停吠叫，要么逃走避而不见。为了让狗狗适应日常生活环境，必须让它从小一边吃零食一边听各种声音，形成这些声音会让"好事发生"的条件反射。如果狗狗能在噪声环境里气定神闲地吃狗粮，那么这个音量就属于"安全音量"。反之则需要把声音降低到狗狗可以接受的程度。然后慢慢上调，给狗狗适应的过程。

强

① 可动 ＋ 有声

② 不动 ＋ 有声

③ 可动 ＋ 无声

④ 不动 ＋ 无声

弱

※有②和③颠倒的情况。

分别让狗狗适应声音和动作

那些边动边出声的东西，会从视觉和听觉两个维度对狗狗造成刺激。一开始就用这样的物体进行训练，恐怕狗狗不易接受。可以在分别适应后，再把两者结合到一起让狗狗接受。

适应动作和声音的方法

播放录音的方法适用于所有情况

一边让狗狗听录音，一边喂食，然后慢慢调高音量。网络上有专门用于训练狗狗的音频文件。

吹风机

吸尘器的方法相同。首先在"不动+无声"的状态下让狗狗习惯，然后一边向狗狗吹风，一边喂食。

吸尘器

首先让狗狗适应"不动+无声"的状态。关闭吸尘器的电源，在旁边给狗狗喂食。然后，通过反复播放吸尘器声音的方法，让狗狗习惯声音。

接下来，换成"可动+无声"的状态。缓慢移动吸尘器，然后把狗粮撒在吸尘器旁边或在吸尘器旁边用手喂食。

汽车或摩托

让狗狗看汽车或摩托，同时喂食。开始时车辆处于停止状态，然后缓慢移动。如果狗狗拒绝进食，要及时拉开狗狗和车辆的距离。

趁狗狗专心吃饭，再稍微远离吸尘器的地方打开吸尘器的电源，发出声音。如果狗狗无动于衷，可以试着慢慢接近它。最后在吸尘器响着的时候，把狗粮扔给狗狗吃。喂食距离应该从远到近。

让泰迪适应各种各样的人

让各种各样的人给狗狗喂食

　　理想状态下，可以带狗狗去任何地方，可以跟它们共享生活里的每一件趣事。但毕竟我们身边有很多陌生人，如果狗狗不能适应主人以外的人，那么不仅没办法出门旅行，恐怕散步都是头疼的事情。倒不是说要培养出超级黏人的狗狗，但至少不能在见到外人时情绪激动。只要能自然面对就好。

　　让所有家里到访的客人，都给狗狗喂食吧。在外面的时候，如果遇到爱狗人士，也可以邀请他们给自己的狗狗喂食。如果有人笑眯眯地说，"这只小狗真可爱啊"，那么就可以尝试邀请他来帮这个忙。您可以试着询问"可以给我家狗狗喂点儿狗粮吗？"穿制服的学生、大叔、婆婆、长胡子的人、戴帽子的人等，无论男女老少，都可以尝试拜托对方来给自家狗狗喂点儿狗粮。

　　在完成疫苗注射之前，小奶狗还不能在室外下地玩耍，这段时间可以邀请亲朋好友到自己家里来做客。但在疫苗注射完之前，主人完全可以抱着狗狗出门看风景。最重要的是，不要错过社会化训练的时机，培养出能够接受不同人的狗狗。

适应方法

让到访的客人喂食

当客人来访的时候，可以让他们试试给狗狗喂食。把狗狗的零食袋系在身上，以便随时取出零食交给对方。

在户外拜托陌生人喂食

在散步的路上，让路人帮忙给狗狗喂食。如果狗狗学习到陌生人也会给自己带来"好事情"，以后就不会觉得"人类可怕"。

散步的时候，也别忘了带零食哦！

胆怯狗狗的适应方法

不与狗狗对视，站在稍微远一点儿的地方

让对方的目光从狗的身上移开，在稍微远一点儿的地方与主人平行站立。

主人负责喂食，对方逐渐靠近

主人给狗狗喂食，对方趁狗狗吃东西的时候逐渐靠近。

直接喂食

如果狗狗已经可以接受对方站在身边了，就可以让对方试着直接喂食。

希望它也能跟其他狗狗成为朋友！

阶段 1 在看到其他狗狗的时候喂食

外出散步遇到其他狗狗时，同时投喂狗粮。无论对方狗狗是在地面上散步，还是被抱在怀里都没关系。爱犬如果不吃，可以尝试拉开与对方的距离，等待狗狗可以安静下来吃东西。

阶段 2 让狗狗们在一起玩耍

※ 在宽阔的客厅或院子等安全的地点进行。
※ 在狗狗完成"过来"训练（p.102）后方可安心进行。

2 狗狗自行玩耍

两只狗狗都冷静下来以后，可以放开它们自行玩耍。

1 各自牵住自家爱犬

主人把自家爱犬控制在双腿中间，等待狗狗双方都冷静下来。

4 重复 1 ~ 3 的过程

在进行爱犬社会化训练的同时，还需让其意识到"就算再玩儿，回到主人身边也会有好事发生"以及"吃了回来还能继续玩儿"。

3 呼唤狗狗

狗狗开始兴奋以后，主人需要叫回狗狗，适当喂食。如果叫不回来，应该缩短牵引绳，让狗狗看看自己握着零食的手，然后缓慢地把爱犬从对方狗狗身边拉回来。

082

尽早创造与其他狗狗交往的机会！

很多狗狗对其他同类都会心存恐惧。这种问题背后最大的原因，就是出生后马上离开妈妈和兄弟姐妹被强制断奶后送到了市场上。

为了弥补这种童年未曾与其他同类接触过的遗憾，可以早点儿创造自家爱犬与其他狗狗交往的机会，让它们习惯其他狗狗的存在。即使在只能抱着外出的时候，也可以让它们亲眼看到身边竟然有这么多其他同类。还可以邀请近邻的狗狗一起在室内或庭院里玩耍，或者参加相关的活动等。在活动中，训练师可以帮助狗狗适应各种事情和物体，对今后的不良行为起到预防的作用。从而，能够对狗狗今后的生活产生很多正面影响。

相关活动

社会化期的小狗和主人可以一起参加团队课程，通常一个学期4~5节课。它的好处在于：

即使还没完成疫苗接种，也可以在接种了第2针疫苗以后的第2周开始参加课程。

- 团队教学
- 指导员或训练师教学
- 可增加自发对视的眼神交流的训练方法

训练学校里会有不定期举办的相关活动，但仅为单次教学。如果有认真训练的需求，还是建议参加系统的课程。

在确认以上信息后，可以参加试听课实际感受。

让泰迪习惯穿衣服以后才能每日扮靓

习惯穿衣服，享受时尚感

虽然狗狗不穿衣服也没什么，但是合适的服装确实会让爱犬更可爱。

其中，泰迪是最适合挑战时装感的犬种。本来它们的情感表达就很丰富，所以大多数主人都喜欢带着精心打扮的可爱泰迪一起出门。但是，请不要因为勉强穿衣服让狗狗感受到压力。另外，在接受手术治疗后有通过着装来帮助伤口愈合的情况。所以穿衣服这件事儿对主人、对爱犬都有一定的益处。让我们先来看看如何适应穿衣服这件事儿吧。

 习惯穿衣服

1　把衣服放在后背上

一边喂食，一边把衣服放在爱犬后背上。

2　从领口喂食

从领口的另一端喂食，让狗狗一边吃一边自然而然地从领口钻过来。

3　穿袖子

手伸进袖口，一只一只地把小脚拽出来。两只脚都穿好以后，再次喂食。

穿衣服可不是只为了好看

有时在接受了手术治疗或者受伤以后，需要穿着术后服。社会化的阶段让狗狗适应吧。

挑战 JAHA 家庭犬的行为守则

我们在这里说的JAHA*家庭犬行为准则，是为了让"狗狗和主人在一起幸福生活的同时，不给周围造成任何困扰"的基本行为规范。通过本书中介绍的训练方法，您可以了解到如何达成各项指标！让我们一起来看看吧！

*JAHA: 公益社团法人日本动物福祉协会。

家庭内守则

✓ 刷毛

✓ 擦脚

确认是否每天都可以接受擦脚的行为

✓ 过来

建立与主人的互信关系，防止不良行为。
确认被主人召唤时是否可以马上过来

✓ 趴下等待

需要狗狗冷静下来的时候，确认它是否处于放松状态

散步守则

✓ 可以与其他狗狗淡然处之

✓ 不强拽牵引绳

确认是否可以在安全愉快的状态下散步

✓ 进出门

确认是否可以在各种状态下完成坐下、等待的命令

✓ 与陌生人和他人之间打招呼

确认不会向陌生人吠叫、不会扑人（可否完成坐下、等待的命令）

旅行·出门守则

✓ 可否安静地待在便携箱或旅行包里，注意力集中在主人身上

✓ 可否在便携箱里等待

确认可否在出门时放松心情

✓ 坐下、等待的进阶要求

外出时确认狗狗在笼子里的状态，看看在主人系鞋带等情况下，是否也能心平气和地等待

✓ 从不稳定的地方通过

出门时确认可否从不太熟悉且不太稳定的路面上走过

宠物医院守则

✓ 把狗狗交付给其他人

确认可否交付给宠物医院的员工，或在意外发生时交付其他人照看

✓ 站在诊疗台上接受诊疗

确认可否安静地接受检查和治疗

✓ 做刷牙等牙齿养护

确认可否实现预防牙周疾病的养护

✓ 接受身体接触

确认是否可以实现日常体检

银 色

经过3次变色
才形成的银色

从浓重的偏黑色开始渐渐褪色，最后
变成优雅的银色。

变成银色的速度和色
度方面存在个体差
异，据说灰色就是在
向银色变化过程中出
现的。

所谓银色，定义较广泛。
灰色的个体身上，也存
在着变成银色的可能性。

出生的时候全身接近
黑色，1个月左右开始
慢慢向银色转变。

泰迪毛色

泰迪的毛色原本只有黑色、棕色、白色3种。但随着这3种毛色之间不同的遗传组合，可衍生出数不胜数的毛色。让我们从时间尚短的稀有毛色开始了解吧。

偏黑的蓝色泰迪。忽然出现的稀少毛色。

蓝色

在成长过程中呈现出日渐明显的美丽蓝色

黑色系族谱中较常见，往往都是在成长过程中忽然呈现出蓝色。据说没有人能培育出这种毛色的泰迪。

皮肤稍有蓝色，被称为暗夜蓝。

与其他毛色的泰迪相比，颜色比较不稳定，据说毛色会不断地变化。

在白色底色的基础上，明显地出现1种或2种其他颜色。这种情况被称为混搭色。

在成长过程中逐渐显露出混搭色。

充满个性的泰迪！

通常，单体泰迪只有一种毛色。但我们可以在混搭色的个体身上看到多种颜色和风格。个性十足，妙趣横生。

据说混搭色的成因是来自父母的遗传基因。虽然毛色不一样，但是身体健康没什么问题。

丰富的毛色是泰迪的魅力所在

除了这里介绍的毛色以外，泰迪还有很多其他毛色。即使是同色泰迪，也存在个体之间的色差。这种神采各异的毛色，成为泰迪迷为之疯狂的理由之一。

比银色多了一丝红棕
色调的个体，可以被
称为银米色。

成长的过程中
渐渐出现银色毛发

出生的时候是淡棕色，1岁左右开始
从发根处变色。

存在个体差异。眼睛、
鼻子、嘴唇周围仍然
是偏红棕色。

发根和发间通常
颜色有所不同。

跟屁虫香草

只是远远地看着我。

今天没跟着我到处走呢!

盯着看

刚来我家的时候,香草是这样的……

……

哈哈哈哈

之后几天……

啪嚓

是不是已经开始信任我了呀?

去美容院之前也很可爱的香草

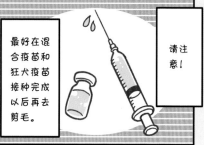

最好在混合疫苗和狂犬疫苗接种完成以后再去剪毛。

请注意!

年幼时的香草

?

很快香草就能去剪头发了!

剪个什么发型呢?

就这样其实也很可爱。

绒嘟嘟

剪毛之前,绒嘟嘟的香草像个毛绒玩具一样,甚是可爱。

③

愉 快 的

训 练 过 程

训练时要充满 游戏的感觉！

沙沙

Cool先生棒棒哒！

你要给我啥？

Cool先生，"请坐"！

也对，正因为那时候历尽千辛万苦，才有现在的幸福生活……

坐！

苦不堪言

现在虽然很听话，但刚开始训练的时候真是大伤脑筋。

训练的内容，都是对日常生活有作用的！

我又来了！

要从狗狗小时候开始训练，这个时间太重要啦！

咔嚓

哇！

训练成功的秘诀是快乐教育！

小狗会在不开心的时候意志消沉

如果想要激发狗狗的训练热情，提高狗狗的记忆力，首先要实现大脑多巴胺神经元的活性化。简单来说，让狗狗在愉快的状态下接受训练才是事半功倍的方法。铲屎官可以把自己假想成猜谜节目的主持人，诱导狗狗给出正确答案。当然，别忘了要提前准备好用来进行表扬的小零食。如果满身都是"我一定要教会它"的那种使命感，不仅狗狗没办法提起兴趣，主人也会变得兴趣索然。

训练的推进方法

所有的训练都可以按照这个顺序进行。
当某一个阶段基本100%完成以后，就可以进入下一个阶段了。

阶段 1 **教授动作**

用食物诱导的方法让狗狗自然而然地完成这个动作。当狗狗能出色地完成这个动作时，就要进行奖励，强化狗狗对这个动作的记忆。

阶段 2 **教授狗狗语言信号**

在让狗狗坐下之前，反复诵读"坐下"这个词汇。通过反复诵读，让狗狗记住词汇和动作关联性。

等待

阶段 3 **让狗狗听从语言信号完成动作**

通过语言或手势，让狗狗独立完成该动作。

坐下

训练心得

统一语言信号和
手势信号

用固定不变的语言信号来训练,这一点很重要。狗狗并不理解词汇的意思,只是能记得声音和声调。

坐 下

坐 好

Sit

选择1个统一词汇

要点

需要集中精力的训练
每次控制在5分钟左右

坐下、等待等行为训练,建议每次训练控制在5分钟左右。而社会化训练则无须拘泥于时间长短。

要点 发现压力信号的时候及时转换氛围

所谓压力信号,是狗狗处于压力状态下呈现出来的样子,例如打哈欠、舔鼻头等。如果在训练中出现这种信号,说明狗狗已经厌倦了训练,并且隐约感受到了压力。可以通过以下方法调整氛围或者提高学习欲。如果对狗狗的状态置之不理,会让训练止步不前。

方法 1 更换零食种类

方法 2 降低训练难度

方法 3 在做"等待"训练的时候,让狗狗有稍微活动的余地

方法 4 小睡片刻

训练之前先适应项圈和牵引绳！

让狗狗习惯项圈的方法

要点 项圈的佩戴方法

一边喂食
一边佩戴项圈

一个人喂食，另一个人趁着狗狗舔食的时候戴项圈。
如果单人操作，可以灵活运用葫芦胶。

→p.061 葫芦胶的使用方法

要点 项圈的推荐长度

拉扯也无法挣脱

过松无法在紧急时刻保证安全。从后头部向前拉扯，确认松紧程度。

调整到可以伸进1个拇指的长度

当然也不能太紧！必须留出能伸进1个手指的间隙，以此为标准调整绳长。

要点 让狗狗适应佩戴项圈的感觉

拉着项圈喂食

为了确保爱犬的安全，在很多情况下都要拉紧项圈。要是狗狗能意识到佩戴项圈时能吃到食物，就会理解这是个会有"好事发生"的机会。如果狗狗非常厌恶佩戴项圈的感觉，可以先喂食，再带项圈。适应以后，再考虑一边喂食一边拉住项圈，拉住项圈以后再喂食。要循序渐进地训练。

在各种材质的地面上行走

利用磁铁游戏
让狗狗在各种地面上行走

室外的地面多种多样，质感各不相同。用食物诱导，进行磁铁游戏，然后让狗狗适应各种不同触感的地面。可以把食物撒在各种地面上，让狗狗走过。

→ **p.098** 磁铁游戏

⚠️

把食物放在地面上

有些狗狗会因为着急吃东西而急冲冲跑过这段路。应该把狗粮放在想要让狗狗去适应的地面上。不要勉强拉扯牵引绳，也不要勉强狗狗往前走。

拿牵引绳的方法

把牵引绳套在右手拇指上

把牵引绳套在右手拇指上，保持一定的牵引绳长度。在这个长度下，既可以方便伸手从背后的零食袋里取零食，又便于跟狗狗进行眼神接触（p.099）。

打结后左手握紧

肘关节成直角，在牵引绳几近绷直的长度（右手侧）打结。这个结，叫作安全结。

首先适应室内环境

用牵引绳拉住项圈，
一边玩耍一边训练

去户外散步之前，要在室内让狗狗适应牵引绳拉住项圈的状态。可以在室内牵着狗狗散步或者带着牵引绳一起做游戏等方法，以便逐步适应佩戴项圈和牵引绳的状态。

→ **p.129** 游戏的基础——拔河游戏

在户外散步的时候，存在狗狗捡食或飞奔出去导致事故的风险。为了避免这种风险，就必须要了解正确拿牵引绳的方法。

垂直肘关节，确认牵引绳绷紧的长度

弯曲左肘，前臂与地面水平。此时牵引绳与狗狗之间绷紧，手臂放下后牵引绳松缓。这个长度用于1.6~1.8m的牵引距离。

90°

磁铁游戏

用食物诱导狗狗做游戏。像握住吸铁石一样握住零食，
狗狗的鼻子触碰到手的那一刻就算合格。

要让手的高度与狗
狗鼻子的高度一致。
如果手的位置太高，
狗狗会扑过来。

1　狗狗的鼻尖碰到手上

右手握住零食，让狗狗过来闻。狗狗
一定会被味道吸引过来。

→ p.061　拿零食的手法

牵引绳保持放松。如果
拉得太紧，会影响狗狗
的动作。

⚠️ **如果咬手的话，就不能
给食物**

如果因为着急吃东西，而
迫不及待地咬了主人的
手，这时候绝对不能给食
物。这会让狗狗留下"咬
人就会有好吃的"的印象。
同样，如果动作做不好，
也不能给食物。

好孩子

2

手水平移动

如果狗狗会贴着手一起
向前走，就要给予食物
表扬。

·····➤

3　前后左右移动

通过用手诱导，让狗狗
回到初始位置，或者让
狗狗转身。如果狗狗完
成得好，就要给予食物
表扬。

◁·····

对视

与主人对视的训练，可以帮助主人获得狗狗的关注。

1　狗狗的鼻尖碰到手上

右手握住零食，让狗狗过来闻。

3　加入狗狗名字等语言信号

呼唤狗狗的名字以后，再进行 **2** 的动作，同时看着狗狗的眼睛喂食。反复练习以后，狗狗听见自己的名字时就会与主人对视。

2　手移动到下巴的位置

右手移动到下巴的位置。这将成为对视动作的手势信号。伴随着手的动作，狗狗抬头看主人即可。

MUGI

要点

可以吹口哨吸引狗狗的注意力

如果狗狗没有抬头看主人，可以通过吹口哨或打响指的方法吸引注意力。有些狗狗无须任何声音信号，只要主人低下头就会做出反应。

训练2

坐

只要能安安静静地坐下，日常生活就会顺畅很多。
语言信号可以是"坐下"，也可以是"sit"。

1 **狗狗的鼻尖碰到手上**

右手握住零食，让狗狗
过来闻。

坐

2 **抬手，诱导狗狗向上看**

缓慢移动右手，诱导狗狗抬起鼻尖。
狗狗就会自然而然地坐在地上。

4 **加入语言信号**

先说"坐"，然后进行 **1** ~ **3** 的
步骤。

> **要点**
>
> **如果狗狗向后退怎么办？**
> 如果狗狗向后退，就是不坐下，可以换一
> 个后面是墙壁的位置训练。让狗狗无处可
> 退。

好孩子

3 **在坐好的姿势下喂食**

在狗狗抬起鼻尖的状态下喂食，给
予表扬。确保表扬以后小屁屁也不
能离开地面。

趴

用于乖乖等待时的姿势。在顺利完成"坐"的训练后，
可以尝试这个动作。可以使用"down"这样的语言信号。

1 让狗狗坐下

用手握住零食，让狗狗过来闻。
然后移动右手让狗狗屁股着地。

趴

3 加入语言信号

先说"趴"，然后进行 **1** ~ **2** 的步骤。

2 手向下移动

右手垂直向下，狗狗为了追寻气
味会自然而然地趴下来。完成这
个"趴"的姿势后给予食物奖励。

如果上述方法进展不顺利

用手施加限制
手接近地面，诱导狗
狗从手掌下钻过来趴
着吃食。

←

用腿施加限制
弯曲膝盖，诱导狗狗
从膝盖下面钻过来趴
着吃食。这样就能自
然而然地完成"趴"
的动作。

※ 如果可以用手施加限制，也等同于完成了"趴"的训练。

训练4

过来

可以起到预防不良行为、规避危险的作用。
单人完成阶段1以后，可以两人配合进行阶段2、阶段3。

MUGI

1 对视

呼唤狗狗的名字，对视。

→p.099 对视

阶段 **1**

**2 一边用食物诱导，
一边退几步**

用手握住零食，让狗
狗过来闻。狗狗过来
以后，带着狗狗一起
向后退几步。

关键在主人用身体挡住狗狗目光正前方的
背景，然后把手放在主人身体正中央。如
果看见后面的背景，很容易分散狗狗的注
意力。

过来

4 加入语言信号

在进行 **2** 之前，说"过来"
的词汇，然后进行 **1 ~ 3** 的
步骤。

好孩子

**3 狗狗接触到主人的右手后
给予食物奖励**

碰到主人膝盖或者主人握住食物的右
手时，就可以给予奖励了。

对视

B拎住牵引绳，A站在手可以触碰到狗狗鼻尖的位置。A呼唤狗狗的名字，相互对视。

用食物诱导，后退几步

A说"过来"，然后一边握住食物诱导狗狗，一边向后退。狗狗跟随A往前走的时候，B也跟着行进。此时要保持牵引绳呈松弛状态。

身体接触后给予奖励

狗狗的身体碰到主人握住食物的右手以后，就可以把食物奖励给狗狗了。两个人可以换班训练。

稍微拉开一些距离

A和B的距离慢慢拉远。如果难以对视，可以用口哨或响指吸引其注意力。

发送语言和手势信号

如果距离变远狗狗也能做出反应，跑到主人身边，则该训练结束。

狗狗过来以后，
不要做狗狗讨厌的事情

最重要的是，不要让狗狗在听到"过来"的时候产生厌恶的情绪。如果听到呼唤会感到厌恶，以后必然不会听从呼唤！只要它跑过来，一定要给予奖励。

等待

"等待"是非常必要的训练内容，可以防止扑人事件，
也能避免给周围邻居带来困扰。难度较高，需要更多的耐心。

右手握住
多种食物

1 让狗狗坐下，对视

狗狗坐下以后进行对视。

➜p.099 对视

➜p.100 坐

➜p.099 对视 / ➜p.100 坐

阶段
1

!

在喂食之前让狗狗等待的动作，
会让狗狗意识到"得不到食物前
不能动"。这与本书中介绍的"食
物诱导"训练法有一定冲突。"保
留"的动作，对看家犬来说很必
要，这是为了防止它们随意接受
陌生人的食物。但对现代宠物犬
来说，并没有多大作用。

2

分次给予不同食物

在狗狗站起来之前，分次
投喂。让狗狗意识到，"只
要保持坐下的姿势，就差
不多能得到食物"。

OK

3

告诉狗狗结束了

在手里的食物快要吃完之
前，走到狗狗的身后，让
狗狗理解这是一个"结束"
的信号。可以在开始行走
之前，加入"OK"等语
言信号。

4

保持对视

与**2**相同，要持续喂食。但投喂之
后务必保持对视的状态。最后按照
3的方法结束训练。

阶段 2

延长对视的时间

与阶段1相同，起身之前投喂食物。伴随着狗狗的理解，坐姿时间会有所延长。

伸出左手，挡住狗狗注视握住食物的右手的视线。

阶段 3

等待

加入语言和手势信号

给食之前，一边说"等待"，一边把左手手掌挡在狗狗面前。

等等

阶段 4

1 一边让狗狗"等待"，一边拉开距离

与阶段3相同，一边让狗狗"等待"，一边后退。从一脚长的距离开始。

好孩子

2 回来，表扬

在狗狗做出动作前回来，投喂表扬。

等待

3 慢慢让距离变得更大

反复进行 1 和 2 的过程，让距离慢慢变大，最终达到牵引绳完全打开的间隔。

训练6

抬脚

"HEEL"是"脚后跟"的意思。这个训练是为了便于让狗狗在散步时把注意力放在主人身上。难度较高，请把握好节奏享受训练过程。

1

对视

右手握住几粒口粮，发出对视的手势信号。完成对视后，投喂奖励。

阶段 1

好孩子

2

绕到狗狗的身后

给1粒狗粮以后，再次发出对视的手势信号。完成对视后，移动到狗狗的右侧，然后蹲下，直到狗狗无法与主人对视。

好孩子

4

反复进行 2 ~ 3

反复进行，让狗狗意识到应该"一边对视，一边配合主人的动作"。

3

狗狗转到正面、完成对视时，给予奖励

狗狗自己移动到主人正面，并完成对视时，给予零食奖励。

阶段
2

1

一边对视，一边前行

阶段1完成以后，可以跟狗
狗对视着走几步。完成后，
给予零食奖励。这样一边保
持对视，一边缓慢增加一起
行走的步数。推荐在完成了
阶段1动作的地方操作。

抬脚

2

教授语言信号

通过 **1** 的训练，如果狗狗能保持
对视的状态一起步行5m左右，
接下来可以试着在对视前行之前
加上"抬脚"的语言信号。狗狗
如果能做到一边与主人对视，一
边不停地前行，就要给予食物奖
励。反复训练，实现只通过"抬
脚"的语言信号，就能让狗狗跟
自己对视前行的效果。

应用

抬脚

与其他狗狗擦肩而过

散步中难免遇到其他狗狗，
但并不需要引发过度的兴
奋。通过手势和语言相结合，
就能盯着狗狗和其他狗狗平
安无事地"错车"。如果能
平稳地与其他狗狗"擦肩而
过"，应该投喂表扬。

※完成对其他狗狗的社会化
训练后，才有可能进一步实
现"抬脚"训练。可以找来
其他狗狗一起练习。

训练7

不要拉扯牵引绳

如果想在安全的状态下乐享散步，就不能让狗狗拉扯牵引绳。
狗狗和主人的步调协调一致非常重要。

如果狗狗拉扯牵引绳，立定不动！

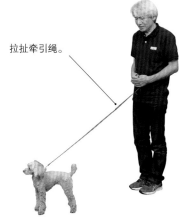

拉扯牵引绳。

如果狗狗拉扯牵引绳，可以把左手固定在肚脐附近，立定不动。如果狗狗停止拉扯，再继续前进。

拿牵引绳的方法
与p.097讲述的方法相比，散步时的长度应该更长一些。

如果狗狗一直拉扯，就不要散步了
如果始终处于拉扯的状态，说明狗狗在控制人的步伐。所以当狗狗开始拉扯，应该立即停下来。如此也能教会狗狗停止、不能拉扯牵引绳往前跑的正确行为。酷爱拉扯牵引绳的狗狗，很难学会这种行为，需要耐心引导。

在牵引绳保持松弛的状态下前进

牵引绳松弛的状态。

与主人并排走，或者虽然在主人前面但牵引绳处于松弛的状态，两者都可以。

防止拉扯的工具

胸背带牵引绳	嘴部牵引套

两者都适用于习惯向前冲的狗狗，套住胸部或口鼻处，便于主人引导前进的方向。推荐有拉扯习惯的狗狗使用。

要点

如果狗狗始终改不掉拉扯的习惯

1 牵引

训练中，主人应在可控范围内随机应变地调整牵引绳的长度。此时推荐使用简单的单绳款牵引绳。虽然也有伸缩款牵引绳，但因为狗狗不断向前冲，很可能因为突发故障而导致事故。不建议在散步时使用。

2 散步前让狗狗疲惫一点儿，或者改变散步时间和路线

好奇心强的狗狗，出门散步时很有可能处于兴奋状态。这种情况下，可以尝试在散步前通过拔河游戏（p.129）等活动让狗狗消耗一些精力。另外，如果每天都在固定的时间去固定的地方散步，狗狗很有可能已经养成了行为模式。可以尝试改变散步的时间和地点。

明天开始傍晚出门散步吧。

还想再多玩儿一会儿！

pm **16:00**

沉迷于抢毛巾的游戏！

pm **14:00**

在常去的美容院。

 pm
22:00

今天也是愉快的一天，
睡觉觉了！
明天继续玩儿！

 pm
19:00

夏天来了，要穿起浴衣去散步。
见到了邻居家的小伙伴。

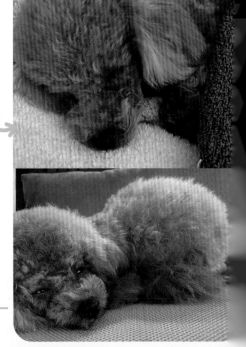

泰迪的一天
宇野 TORO 的一天

跟妹妹Emma共享零食！
因为我们是姐姐，所以很谦让。

太喜欢跟小哥
哥们一起去散
步了！

am
10:00

一动不动地欣赏小哥哥
滑冰的样子。

am
09:00

跟小哥哥们日常散步的
途中。♬

am
12:00

跟小伙伴们一起去狗狗咖啡店
吃午餐，大家一起真快乐！

am
08:00

111

[香草女士超爱坐车] [跟香草女士一起散步的日常]

香草女士喜欢坐车。

夏季的傍晚，出门散步的时候……

他们家要出门吧。

啊

有一天在散步的时候。

优哉游哉 ♥

先要在门前的下水道盖子上凉快一会儿。

目不转睛

继续往前走吧！

想去想去

下次吧，所以一看到车就想坐。

因为坐车可以去狗狗乐园等充满欢乐的地方。

香草女士很擅长寻找凉爽的地方。

舒服 ♥

石头台阶好舒服！

④

狗 狗 的 每 日 必 修 课

散 步 和 玩 耍

只有完成 社会化 训练才能实现

散步

倒是挺喜欢散步的，每次出门看起来都挺开心……

COOL刚开始出门散步的时候怎么样？

不好意思

汪汪

现在我可不乱叫了~

现在回忆一下，觉得当时的社会化一定没有训练好，才会出现那种行为。

但每次在家门口看到附近路过的人或小狗，就会开始叫个不停。

瑟瑟发抖

真不理解有什么可怕的呢？

我认识一个人，他家的泰迪好像对水泥地面的触感心有畏惧，一步都不肯走。现在根本都不能出门啦。

怕怕，要抱……

理想的散步

不想踩进水洼里……

狗狗怎么了?

对人来说见怪不怪的事情,狗狗却会感到恐怖,还真是不可思议呢!

你好!

主人性格开朗

跟狗狗能和谐相处!

现实

逃之夭夭…

理想的散步状态太难实现了。

一看到狗狗,就开始呜呜叫。

这里也涉及社会化了呀?

是否养成社会化习性,是能否成就理想散步的重要条件。

下一页

散步之前必须要做到万事俱备

在狗狗适应了新环境之后再开始做散步的准备

把小狗带回家以后，主人一定迫不及待地想跟小狗一起出门散步。但是，在完成了疫苗注射、狗狗的身体里具备了预防传染病的免疫力以后，才能让小狗出门自由奔跑。遗憾的是，到了那个时候，最适合让狗狗去适应新事物的社会化期已经结束了。但是我们尽量不错过宝贵的社会化培养期。就算小狗还不能出门散步，但在接小奶狗回家后的一周左右，可以让狗狗去室外接受新的刺激了。例如让狗狗在窗户或玄关的位置向室外张望，或者抱着小狗到外面散步等。

● 第2次接种混合疫苗　　　　　　　　　　　● 第3次接种混合疫苗

2个月	3个月

社会化期

抱到室外散步，或者放在宠物车里推出去散步。目的在于使其适应室外氛围

刚开始的时候，抱到外面看看室外环境就好，不要把狗狗放在地上。

➡ p.119　抱着狗狗看外面的世界

第2次混合疫苗完成后的第2周起，可以把狗狗放在干净的地面上

这个时候已经形成了一定的免疫力，可以让小狗在没有垃圾的干净的地面上行走，不需要担心传染病。

➡ p.121　放在地面上自行跑跳

接种了混合疫苗以后，请让小狗在室内静养

接种疫苗以后，不能马上出门散步。接种疫苗当天，需要尽量控制外出，尽量在室内静养。基本上，第二天开始就能恢复正常的生活。

4个月	5个月

※推荐接种时期。实际时间需要根据个体进行调整。

第3次疫苗完成的2周后，就可以到外面散步了

疫苗流程结束！让狗狗到地面上来散步吧。从短时间散步开始，逐渐延长时间。

习惯散步以后

在每天的散步过程中进行训练

可以在散步中进行第3章所述的训练。训练随时、随地都可以进行，这样才能在紧急时刻发挥作用。

→p.094 训练成功的秘诀是快乐教育！

散步训练

阶段 1

一开始可以抱在怀里散步！

一边让狗狗看看世界，一边喂食物

在室外，有匆匆的路人、散步的小狗、飞驰的车辆、飞翔的小鸟等各种各样的外界刺激。通过散步，小狗能学会适应种种外界刺激，也是社会化培养的环节之一。对狗狗来说，动态物体发出的刺激要远远高于静态物体。所以，开始的时候我们可以抱着狗狗从远处看着别的物体移动，然后喂喂零食。此时一边确认狗狗的状态，一边慢慢接近动态物体。这样就能给小狗一个适应的过程。而对于静态物体，我们可以走到近旁，轻叩出声，让狗狗意识到该物体的存在以后喂食狗粮。

需要适应的外界刺激

邮筒或滑梯

轻轻拍打邮筒或滑梯，发出声音，让狗狗意识到物体的存在后喂食。重复进行，让狗狗知道这不是可怕的东西。

混杂的人群

大街上喧闹声音和拥挤的人群，对狗狗来说是较为强烈的刺激。首先可以让狗狗适应安静一点儿的街道，然后再去习惯进入人来人往的街区。

交通工具

抱起狗狗，从窗户或玄关看外面的交通工具，然后喂食。习惯以后，可以趁抱着狗狗外出散步的时候靠近交通工具，然后喂食。

其他人、其他狗

可以让偶遇的路人给狗狗喂食，以便强化效果。如果散步路上遇到其他狗狗，可以一边做介绍，一边喂食。

→ **p.080** 让泰迪适应各种各样的人

→ **p.082** 希望它也能跟其他狗狗成为朋友！

抱着狗狗看外面的世界

阶段 1 从家里向外看

横着抱起狗狗（p.075），从窗户或玄关向外看。狗狗会关注行人、自行车、机动车等移动物体，此时要投喂食物哦。

对小奶狗来说，每一个都是初见的事物。慢慢就能习惯了。

阶段 2 抱着狗狗在室外散步

疫苗全部注射完成之前，可以横着抱住狗狗，或者放在篮子里去外面散步。从家旁边到邻近路口，再到夜市，逐步提高刺激强度。一边喂食狗粮，一边让狗狗适应更广阔的世界。

人也会对未知的事物心生恐惧吧。

要点

防止狗狗跌落，把项圈或牵引绳挂在手上

不小心把狗狗掉到地上，那种恐怖的感受会让狗狗的社会化急速后退。喂食的时候，右手虽然离开狗狗，但可以用左手手指钩住项圈和牵引绳，以防万一。

放在地上让它自己走

释放体力和压力的手段

第2次疫苗注射2周后，小奶狗的免疫力有了一定提升。从现在开始，可以时不时地让狗狗在干净的室外区域自由玩耍。在完成混合疫苗第3针的2周后，狗狗自身已经具备了充分的免疫力，可以自己在地面上行走了。

散步可以释放体力和压力，更重要的是还可以对脑部进行合理的社会化刺激。同时，也对主人的健康有一定的好处。

很多训狗教程介绍说小型犬每天在室内进行30分钟以内的散步即可。但是这并没有科学依据。合理的散步时间并不取决于狗狗的身材大小，而是取决于遗传特性和生活环境。对于泰迪来说，每天散步两次，每次30分钟左右就可以。当然，也可以主人的运动标准来决定。如果散步以后狗狗看起来意犹未尽，可以再来一会儿拔河游戏（p.129）。

但无论在室内的游戏多么尽兴，也还是得不到室外那种"社会性"刺激。变换的风景和瞬息万变的街道味道，迎面吹来的风，都将成为刺激脑部活动的因素。所以，即使到了狗狗高龄期，也还是要尽量保持每天散步的习惯。

放在地面上自行跑跳

第2次疫苗接种完成的2周以后

试着把狗狗放在清洁的地面上

把狗狗抱到室外，一边进行社会化训练（p.119），一边让狗狗习惯室外地面的触感。为了降低感染疾病的风险，要注意选择清洁卫生的地点。狗狗下地以后，投喂零食给予奖励。但务必要躲开电线杆、草堆等可能有其他狗狗排泄物的地方。可以选择排水井盖、石台阶、砖头触感不同的场地一起玩磁铁游戏。

➔ **p.098** 磁铁游戏

各种不同的触感

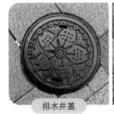
排水井盖

石台阶

砖头

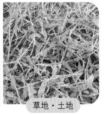
草地·土地

第3次疫苗接种完成的2周以后

在各种场所行走

第3次疫苗接种完成的2周以后，疫苗程序宣告结束。终于可以在牵引绳的引导下自行散步了。如果第一天开始就长途跋涉，恐会伤害脚底肉球，建议从每天10分钟开始尝试，然后慢慢延长。如果狗狗紧张，不愿意行走，万万不可勉强拖拉。我们可以抱起狗狗回到抱抱散步（p.119）的阶段，等待狗狗慢慢去适应外界环境。

➔ **p.097** 拿牵引绳的方法

回家后要记得擦干净

让狗狗习惯毛巾或湿巾

1 一边让狗狗看小毛巾，
一边喂食

有的狗狗可能会因为看到小毛巾抖来抖去而感到
兴奋，所以开始的时候要把毛巾捏在左手里。一
边给狗狗看毛巾，一边喂食。

2 慢慢打开毛巾，喂食

慢慢打开叠好的毛巾。与**1**相同，一边给它看毛
巾，一边喂食。

3 一边喂食，一边把毛
巾放到狗狗背上

趁狗狗吃食的时候，把毛巾搭在狗狗背上。如果
看起来没问题，可以试着慢慢移动毛巾擦拭。

散步后的必要养护

钉耙梳　　　　　　　　　毛巾或湿巾

借助葫芦胶擦拭身体

把葫芦胶卡在
笼子栅栏上

将填满了食物的葫芦胶卡在栅栏上，高度与狗狗的鼻子水平。趁狗狗舔食之机擦脚、擦身体。

夹在膝间

把填满了食物的葫芦胶夹在膝间，趁狗狗舔食的时候擦身。适合用于擦眼屎。

用脚踩住

把填满了食物的葫芦胶固定在脚下，趁狗狗舔食的时候擦后脚和后背。

用手拿着葫芦胶

用手拿着填满了食物的葫芦胶，趁狗狗舔食的时候擦后背。

散步后的身体护理

1
脚

散步以后，脏东西和细菌都会沾在肉球上，所以回家时必须要擦拭，以保持清洁。

2
刷毛

刷掉散步时沾上的垃圾。保持清洁的同时还能预防皮肤炎症。

要点

狗狗不想擦脚的时候
可以考虑让它在毛巾上走过去

如果错过了社会化培养阶段，可能会出现一擦脚就生气的狗狗。对于这种狗狗，就不要勉强擦脚。散步回来后，让它们从喷了杀菌剂的毛巾上踏两步后再进家门。后续再慢慢让狗狗习惯擦脚。

→p.074　不抗拒肢体接触是社会化的基础

了解"社会常识"以后就开心地去散步吧！

散步前，在家完成排泄

作为公共常识，散步前应该在家里完成排泄。如果狗狗认为"散步 = 排泄时间"，那如果发生尿频的话就只能反反复复到室外去才行。所以，建议从一开始就教会狗狗在室内排便。

但是，有些喜欢占地盘的狗狗，一定会在室外排便。即便如此，也请务必避开他人住所及店铺门前，而且一定要及时打扫排泄物。还有人不喜欢小动物，或者天生就对动物过敏。所以绝对不要让狗狗养成扑人的习惯。跟陌生人相逢的时候，主人最好隔在陌生人和自家狗狗中间，以免发生意外。

散步用品和需要遵守的常识

散步用品

✓ 水瓶

✓ 小手提包

✓ 卫生纸

✓ 塑料袋

✓ 垃圾袋　✓ 狗粮　✓ 零食袋

用水冲洗小便

让狗狗在道路两侧的排水沟旁边小便，然后用自带的水冲洗。

大便带回家

用卫生纸捡起大便，装入塑料袋中。然后再放入垃圾袋中，防止散发异味。

散步的状态

不占手的包包

可以使用背包或腰包，里面装上散步的相关用品。

拿牵引绳的正确方法

为了保证狗狗安全，不给他人造成影响，我们要紧紧握住牵引绳。不建议使用很长的牵引绳或伸缩款牵引绳。

→ **p.097** 拿牵引绳的方法

脖子上挂好名签和狂犬疫苗接种签

狗狗要佩戴名签。如果狗狗跑丢，可以根据名签上登记的编号寻找主人。

不要把狗狗拴在店外

把狗狗拴在店外，然后自行进入室内购物的行为，将对其他进出的客人造成困扰，也可能导致狗狗被人偷走。无论是为了公共道德，还是为了狗狗自身的安全，都不要让狗狗脱离主人的视线范围。

错误！

游戏的关键在于有来有往

最近都不玩儿了,但小的时候,可是经常用它拔河呢!

好怀念呀,以前最爱玩这条绳子玩具了。

勉强从嘴里抠出来,竟然嗷嗷地吓唬我。

不玩儿了!

嗷嗷

给我

给我呀

可一旦兴奋起来,怎么教它"松开"它都不会松口。

嘿!

嗷

嗷嗷

好像变成了另外一件事情了。

"从狗狗嘴里抢玩具"跟"从狗狗嘴里抢骨头"差不多。一不小心拔河游戏就会成为危险的游戏。

怎么让它们冷静呢?

比方说给点儿别的"好事儿"呗。用零食换玩具,就是个挺不错的方法。

对啊!

在游戏过程中,如果狗狗开始特别兴奋,需要帮助它们冷静下来。

成交!

怎么有点儿像黑社会交易?

用零食换玩具就好了!

掌握兴奋和冷静的尺度

欢乐玩耍时需要适当的冷静

  如果不知道游戏的要点，很容易被沉浸在游戏中的狗狗咬到手。

  要点就是，让狗狗在过度兴奋之前冷静下来。对于狗狗来说，超越了某种界限以后，"原始兽性"很容易被激发出来。一旦如此，主人很难控制住它，而它自己也就很难平静下来了。游戏过程中一旦出现这样的征兆，就要立即诱导其放下玩具，暂停游戏。兴奋的征兆包含低吼、叼着玩具用力撕扯、用力摆头等。等到狗狗冷静下来，才可以继续游戏。

游戏心得

心得 1

开始的时候带着牵引绳

如果不佩戴牵引绳，会出现狗狗在前面跑、主人在后面追的局面。这样一来，狗狗会以为"游戏＝追逐"，出现叼着玩具从主人身边越跑越远的问题。

心得 2

不要一次玩腻

每次都在意犹未尽的时候结束游戏，才能保证下次游戏的热情。一次就玩腻了的话，下次难免兴趣索然。

心得 3

不用小玩具的时候要收好

平时把小玩具收好，只有游戏的时候才取出来。这样能让狗狗产生"主人不在家就没有愉快的游戏"的心理。建议选择稍大的玩具，特别小的玩具不太好用食物交换。

阶段1　　游戏的基础——拔河游戏

1 让狗狗关注玩具

狗狗坐下、平静下来以后，方可开始。首先让狗狗的注意力集中在玩具上。

2 移动玩具，带动狗狗玩耍

说出"开始"的语言信号，然后移动玩具。在移动玩具方面可以下点儿功夫。

3 狗狗兴奋后，要让它重新恢复冷静

出现低吼、用力拉扯、左右用力甩头等动作时，取出零食用手掌握住，然后贴近狗狗的鼻子。

4 用食物交换食物

狗狗松口以后，用食物交换玩具。确认狗狗恢复冷静状态以后，方可重新开始游戏。重复 1~4 的步骤。

阶段2　　教会狗狗"给我"的语言信号

在重复阶段1的过程中，狗狗可以学会痛快地放开玩具。接下来，在狗狗凑过来闻手里的食物之前，加上"给我"的词汇。反复进行，狗狗会在听到"给我"的词汇以后，就做出放下玩具的自然反应。

可以自己玩耍的玩具

葫芦胶
用坚韧的天然橡胶制成，中间可以填充食物。一边咬，一边舔食里面的食物，妙趣横生。

→ **p.061** 葫芦胶的使用方法

不倒翁
一边转动，一边慢慢从里面取出食物吃。

漏食瓶
巧妙地改变角度才能倒出食物的益智玩具。狗狗要一边动脑，一边乐享其中。

增进相互感情的游戏

"8" 字跑   准备物品：狗粮

1

用狗粮的味道作诱饵，诱导狗狗在双腿之间转圈

双腿分开站立，弯腰。握住狗粮的手放在狗鼻子前面，让狗狗闻着味道从双腿之间钻过。

2

让狗狗围着双腿跑一圈

握住食物的手像画圈一样，诱导狗狗在每条腿的周围转一圈。接下来像画"8"字一样，让狗狗围着双腿转圈。

3

给予奖励零食

重复 **1** 和 **2** 的步骤，然后喂食。建议喂食的同时增加表扬的语言。

蹦蹦跳   准备物品：牵引绳、狗粮

1

戴上牵引绳，用狗粮吸引狗狗的注意力

好像要出门一样，戴上牵引绳。双脚打开，坐在地上，微微弯曲膝盖。握住食物的手贴近狗狗鼻尖。

2

用食物诱导，让狗狗跳起来

用狗粮的味道吸引狗狗，手移动的弧线与膝盖弯曲的弧线一致，然后诱导狗狗从膝盖上跳过来。

3

反复蹦跳

按照 **2** 的方法诱导，再蹦跳着原路返回。反复进行，然后给予零食奖励。

找食物　　准备物品：纸杯6个，狗粮

1

杯底开洞，让食物的气味能散发出来

为了给狗狗一点儿提示，要在3个杯子的杯底开小洞。洞越小，游戏难度越高。

2

摆放好纸杯，让狗狗的注意力集中在纸杯上

让狗狗坐下，开了洞的纸杯倒着摆，另外3个纸杯立着摆。让狗狗看看主人手里的零食。

3

在狗狗面前藏好零食

选一个立着的纸杯，零食放在杯底上。然后把开了洞的纸杯扣在上面。另外4个纸杯也一样操作。

4

挪动3组纸杯的位置

弄乱纸杯的位置，扰乱狗狗试听。刚开始练习的时候，可以不挪动。

5

同时给予表扬和零食

答对了给予表扬，要是答错了就再试一次。这个训练能让狗狗的注意力集中在主人的手上。

6

要是里面有零食，就是答对了

打开狗狗选择的杯子。里面要是有零食，就对狗狗说"答对了"，开心地把零食喂给狗狗吃。

7

用语言信号让狗狗开始寻找

用"开始找"等语言信号，让狗狗开始找零食。狗狗一定会挨个闻味儿，要是盯着其中某个不动或者拱倒的话，就是做出了选择。

131

开心的 外出 回忆

我们与可爱的狗狗一起去了很多地方。

家里养了COOL以后，旅行时会优先考虑哪里可以带着它一起去。

所以出门前要做好万全的准备工作。

宠物旅店是个不错的选择。但往往会留有其他小狗的气味，这让COOL先生神经紧张。

COOL先生的行李（一部分）

夏季的防中暑对策

狗狗毯子

分包装冻干狗粮和零食

饮用水

冷冻矿泉水瓶

塑料马克杯

散步用的包包

卫生纸

狗窝

COOL先生只用马克杯喝水，所以还要带上它的塑料马克杯。

例如有COOL自己味道的狗窝、毯子，还有它喜欢的玩具。

平时用的散步套装

喜悦之情溢于言表。

今天可以带你一起去呀！

出发当天，它总是一副"能不能带我去呀"的担心脸。

给我睡觉！！

呼哧

呼哧

在酒店过度兴奋导致失眠。

从今往后，要跟COOL先生一起创造更多美好的回忆。

即便如此，看到它开心的样子，不禁觉得，我们能在有限的生命里共享同一片美景，是多么令人欣喜的事情啊！

适应了"过来"的命令以后，就可以去狗狗乐园玩儿了

首先完成"过来"训练，以免发生意外

在狗狗乐园里，可以放开牵引绳让它们自由地奔跑，这里对狗狗来说简直是再开心不过的地方。但这里也确实偶发狗狗之间打架或者咬伤彼此的意外。最好在确认狗狗确实能服从主人呼唤"过来"以后，再带其进入狗狗乐园。前往狗狗乐园之前，首先要确认自家狗狗就算正玩儿到兴头上，也会在听到"过来"的呼唤时马上跑回来。

恐怕不适合社恐性格的狗狗

为了帮助自家狗狗克服"社恐"问题，有的主人会刻意安排自家狗狗去狗狗乐园玩耍。可这样一来，原本就社恐的狗狗恐怕只能产生更大的心理阴影。适应其他狗狗的社会化训练，必须要在主人可控的范围内进行。这是一条必须遵守的原则。

其实，只要能跟主人充分互动，就算不能与其他狗狗玩耍也是幸福的狗生。但如果每次遇到其他狗狗都会带来恐惧和压力的话，还是有必要进行社会化训练的。"和谐相处"与"社会化"之间，存在着本质区别！

→ p. 082 希望它也能跟其他狗狗成为朋友！

狗狗乐园的注意事项

☑ 发情期或罹患传染病期间不要前往狗狗乐园

如果身边出现正处于发情中的雌性狗狗，雄性狗狗会兴奋不已。雄性之间相互争斗不说，还很有可能出现与陌生狗狗交配导致怀孕的情况。从发情开始，其后4周的时间都不应前往狗狗乐园。另外，狗狗乐园里的狗狗数量众多，是传染和被传染的高风险区域。请提前了解这些风险的存在，再考虑何时前往狗狗乐园。

☑ 入场前完成排泄

入场前完成排泄是基本规定。即使在场内出现排泄行为，也请尽快打扫干净。

☑ 不能让爱犬离开自己的视线

狗狗乐园里有各种各样的意外发生。为了在发生意外时能及时处理，千万不要让狗狗离开自己的视线。特别是不要沉迷于聊天或手机。

☑ 遵守玩具规则

为了避免狗狗互相争夺玩具，有些狗狗乐园禁止携带宠物玩具入场。有的狗狗乐园虽然可以携带玩具，但会严格固定玩具种类。在前往狗狗乐园之前需要提前了解相关要求。

☑ 遵守进食规则

与玩具相同，大多数狗狗乐园都禁止携带食物进场。当然，也绝对禁止主人在场内吃喝。

去逛逛狗狗咖啡店吧！

愉快的咖啡店时光，取决于能否完成爱犬的训练

　　现在有很多能带着爱犬入场的狗狗咖啡店，就连一些普通咖啡店的露台席位也允许带着狗狗一起休息。跟爱犬共进午餐，看着狗狗们聚在一起其乐融融的场景，想想就特别治愈。但这种梦幻的场景，毕竟也是人多、狗多的嘈杂场所。跟狗狗乐园一样，如果爱犬尚未完成社会化训练，很有可能在这样的地方造成意外，或对其他客人造成影响。所以，我们还是在完成了狗狗的社会化训练、保证狗狗可以在门店中安静地等待以后再尝试吧。

　　要是狗狗的社会化训练还不完善，并在店内出现了骚动不安的情况，请务必尽快带狗狗离开。训练成果好坏对能否带狗狗一起去咖啡店，起着决定性的影响作用。

　　另外，一定要遵守狗狗咖啡店的店内管理规定。如果爱犬有占地盘的习惯，可以考虑给狗狗穿好素养带（Manner belt）；如果存在毛发四下飘散，可以考虑给狗狗穿小衣服。在利用公共服务的时候，一定要考虑店家和其他顾客的感受。

为了主人和狗狗都能放轻松，可以拉开与邻桌之间的距离。刚开始带狗狗去咖啡店的时候，建议选择露天席位。在狗狗适应了环境之后，方可考虑进入室内店铺。

咖啡店素养

☑ 不要让爱犬离开视线

爱犬可能对路人或邻桌客人造成困扰。所以千万不要沉迷于聊天或看手机，而忽略爱犬的行动。

☑ 穿上小衣服，防止毛发飞散

脱毛期可以穿上小衣服，以防止毛发大量飞散。如果狗狗有占地盘的习惯，可以提前佩戴好素养带。

➜ **p.084** 让泰迪习惯穿衣服以后才能每日扮靓

☑ 牵引绳挂在专用钩上，或握在手里

如果店内有专用钩，可以遵照店内规定把牵引绳挂在上面。如果没有的话，主人可以缩短牵引绳，拉在手里。

☑ 狗狗的饮食要放在地面上

大多数店铺规定狗狗餐具只能摆放在地面上使用。而且也有些店面禁止自带食物，请提前确认。

☑ 让狗狗趴在自己的脚边

原则上说，要遵守店内规定。比如在脚边的地板上铺上小垫子，让狗狗趴在上面。有些店允许狗狗上桌，但请保证狗狗一直位于主人伸手能碰到的地方。

习惯坐车兜风以后就能出远门了！

让狗狗习惯兜风的方法

1

习惯声音

让狗狗反复听汽车引擎声音和行驶声音的录音回放。

→p.078 成为无惧生活噪声的泰迪

2

不发动汽车，只在车里进行狗笼训练

让狗狗钻进便携箱里，放在车上。完成便携箱训练。

→p.069 对讨厌便携箱的狗狗进行便携箱训练

3

发动引擎，在车里进行狗笼训练

狗狗可以在 **2** 的状态下安静等待以后，发动汽车引擎，然后同样进行便携箱训练。

4

发动汽车

狗狗可以在 **3** 的状态下安静等待以后，缓慢行驶一段距离。从短距离开始尝试，慢慢增加。如果行驶30分钟都没晕车，基本就无须担心了。

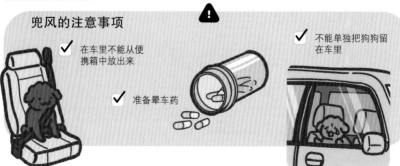

兜风的注意事项

✓ 在车里不能从便携箱中放出来

✓ 准备晕车药

✓ 不能单独把狗狗留在车里

在酒店留宿的素养

用便携箱作狗窝

如果使用日常惯用的狗笼，大概率能沉着应对陌生环境中。必须提前做好接受便携箱的训练。

→p.069　对讨厌便携箱的狗狗进行便携箱训练

不要让狗狗上床

大多数的酒店禁止狗狗上床。即使酒店允许，也需要自己携带床单，以防狗毛或脏东西弄脏床品。

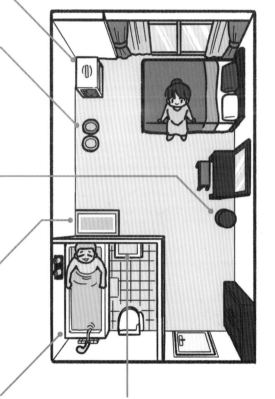

准备日常用的饭盆

带着平时在家用的饭盆，狗狗会很快找到熟悉感。

把狗狗的排泄物扔在指定垃圾箱内

把用完的尿不湿和垃圾袋带回家，或扔在酒店的指定垃圾箱中。不要随意扔在房间里的垃圾箱里。

准备尿托盘

把尿托盘摆放在距离狗笼稍微远一点儿的地方。如果狗狗有占地盘的习性，可以考虑尿不湿。

确认酒店是否允许狗狗使用浴室

大多数的酒店禁止宠物犬使用浴室。但有些地方专门设置了宠物专用浴室，需提前向酒店确认。

不要给狗狗使用毛巾等人用的物品

从家带狗狗专用的毛巾，或者使用酒店专门给狗狗准备的毛巾。

狗狗乐园

大爱球球

享受户外生活

与泰迪共同生活的乐趣之一，就是一起出门。
在宽阔的地方一起奔跑，看看爱犬矫健的身姿。
最近很多地方都开设了允许宠物入场的空间，
让我们赶紧培养出能一起出门的小泰迪吧。

新年祈福

好多人，好
热闹，汪！

海

凉凉的海水
超舒服哒~

风景真好
汪~

湖

露营太有趣啦！

营地

花田

美丽的花海汪！

预知好事发生的香草女士

喜欢出门的香草女士

！

快点儿！

上班要迟到了！

唉~
我把面粉放这儿了吗？

我说我说

啊~钱包呢？

你要去哪儿？

唔合！

好了

准备完成……

不知道怎么回事儿，它记得藏零食的地方。

目不转睛

摆来摆去

还不到零食时间……

都说泰迪聪明，可真不骗人！

你这么看着我，我也不能带你去……

咦，你也准备好了！

狗狗便携箱

⑤

健 康 管 理 和 时 尚 管 理

泰 迪 养 护

可爱的造型取决于保养的 技巧

耳朵、眼睛、嘴巴的保养都很重要。

对泰迪来说，刷毛、洗澡、剪毛很重要。

双侧被毛

柴犬

上被毛+底毛

一层被毛

泰迪

只有上层被毛

就算在换毛期，也不怎么掉毛，是个小优点。

有掉毛的季节

几乎全年不脱毛

泰迪只有一层被毛。

Summer

COOL先生在夏天到来之前要剪毛。

虽然不掉毛，但还是有必要在春夏秋冬换季的时候调整毛量。

WINTER

冬季剪毛的时候留得长一点儿，用来保暖。

看起来总爱挠耳朵的时候，赶紧去医院！

泰迪不光看起来毛绒绒的，耳朵里面也长了毛。

耳垢很难掉出来。这让很多脏东西残留在耳膜附近。

时间长了，就可能导致中耳炎。

刷牙这件事儿，如果不从小培养习惯，

但也每天都在坚持

就会变成COOL这种超级讨厌刷牙的孩子。

还有眼角的眼泪、口腔卫生的保洁，都不能松懈。

如果自己实在没办法处理，也没必要破坏和谐的家庭关系。

委托宠物医院或者美容院都可以。

日常保养所需的必要工具

洗浴用品

洗发水

稍贵，但请选择质地柔和、对皮肤刺激小的优质产品。

护发素

选择洗发水同品牌的配套产品，效果肉眼可见。

水桶和沐浴球

便于打泡泡。

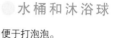

刷毛用品

钉耙梳

打开毛结，去除脏东西和掉落的毛发。大小各异，请区分使用。

梳子

检查毛结，让毛发更柔顺。可以跟钉耙梳配套使用。

针梳

用于长毛犬种。大小各异，请区分使用。

狗狗也能使用的家庭用品

吹风机

洗澡后吹干湿乎乎的毛毛。

毛巾

洗澡后用来擦干或散步后擦脚。不要使用洗后会变硬的材质。

化妆棉

做耳内清洁和眼角清洁。主人化妆时用的款式即可。

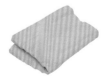

耳朵清洁用品

滴耳液
用于清洁耳内的药水。用棉签蘸着使用或直接垂直滴入耳内。

化妆棉

家用化妆棉。

眼周护理用品

滴眼液

专门用于防止眼泪导致的眼周变色问题。

口腔清洁用品

牙膏
涂抹即可，预防牙周疾病。

擦牙湿巾

狗狗专用的牙齿湿巾，缠在手指上帮助狗狗擦牙齿。

牙刷
犬用牙刷，刷头较小。

要点

根据需要准备的物品
如果定期去宠物美容院剪毛，就不需要另配指甲刀和推子。但如果需要在家进行身体护理，或者为了减少高龄狗狗出门的身体负担，也可以适当准备以下物品。

部分剪毛用品

●推子
剪毛效果比剪刀好很多。

●剪刀
选择小号剪刀，不要用那种刀刃不锋利的剪刀。

剪指甲用品

●指甲刀
狗狗专用指甲刀。

●锉
打磨剪过的指甲边缘。

●止血药
狗狗的指甲里有神经和血管，在家剪指甲的时候必备止血药。

适应身体保养用品！

还没适应的时候就委托给专业人士吧！

首先要让狗狗完成社会化训练，适应肢体接触，然后才能开始做身体保养。在还没适应的时候，不要强迫狗狗接受肢体接触，因为这会在狗狗的内心种下疼痛和恐惧的种子。要是狗狗因此讨厌身体护理，或许会发生咬人等攻击性行为。

但是剪指甲和剪毛等，是狗狗的必要保养。在狗狗还没适应的时候，就把这些事情委托给专业人士吧！主人也可以利用这样的机会发现新的宠物美容院。另外，主人也有必要学习一定的身体保养知识，请跟爱犬一起参加适应训练吧。

让狗狗适应刷毛

1

让狗狗看着刷子吃零食

一手拿着刷子，一手喂狗粮。反复进行。

2

一边喂狗粮，一边刷后背

在狗狗吃零食的时候，将刷子移动到后背上。如果狗狗没有体现出厌恶的情绪，则用梳齿面触碰后背。

3

一边让狗狗舔食葫芦胶里的零食，一边刷毛

狗狗不太在意梳子的时候，尝试轻轻慢刷。要是狗狗注意到了，假装什么都没发生，把梳子藏起来。要在狗狗舔食葫芦胶的时候进行。

→ **p.061** 葫芦胶的使用方法

各种梳子的使用方法

针梳

不会伤害被毛，可以让毛发顺畅。根据狗狗身材大小选择梳子。

拿梳子的方法

用3个手指捏住梳柄。刷被毛的时候，用梳子的针齿中央部分接触狗狗皮肤。

刷毛的方法

1

从毛尖开始刷

翻开被毛，看见毛根以后，从毛尖部位开始刷。

2

刷毛根

毛尖刷好以后，稍微向毛根部位移动。

钉耙梳

用于梳毛球和下毛。适用于在吹干毛毛的时候把卷毛拉开。

拿梳子的方法

用3个手指支撑住梳柄。就算梳毛的方向改变，也一直用3个手指固定梳子，翻动梳子刷毛。

梳毛的方法

1

从毛尖开始刷

翻开被毛，看见毛根以后，从毛尖部位开始刷。

2

刷上毛

完成 **1** 以后，稍微向上毛的方向移动。

●普通梳子

粗齿部分

洗澡之前，皮屑和污垢的存在会阻碍梳子通过，所以建议使用粗齿部分。建议过一遍粗齿梳子以后再开始洗澡。

细齿部分

洗澡以后使用细齿部位。要是细齿部分能梳理通过，说明没有毛结，此时可以结束刷毛。

拿梳子的方法

使用细齿部分

使用粗齿部分

拿着梳子的中央

用3个手指拿梳子。使用细齿部分的时候，拿粗齿部分；使用粗齿部分的时候，拿细齿部分。

要点

钉耙梳和普通梳子搭配使用

梳子和钉耙梳一定要搭配使用。如果使用梳子的时候刮毛，就应该换成钉耙梳或针梳来打开毛结，最后再换回普通梳子整理发型。

普通梳子仅用于确认有无毛结。

梳毛方法

梳子与身体保持垂直

相对于狗狗的身体，梳毛过程中梳子应当始终保持垂直。如果梳不开，不要用力拉扯。

普通梳子仅用于确认有无毛结

错误！

如果使用普通梳子的时候把梳子放倒，则特别容易刮毛。要是用力拉扯，狗狗会觉得疼痛，导致毛毛里有的地方打结，无法把被毛梳平整。

梳毛流程

1 梳后背

翻开被毛，从毛尖向毛根的方向分层次梳进去。

2 梳胸部

撑起下巴或脸，梳毛。

3 梳腋下

抬脚的时候需要留意。抬起来的时候，可以单腿抬，也可以双脚抬。腋下比较容易产生毛结，需要好好梳一梳。

→ p.155 梳开毛结的方法

4 梳前腿

与腋下一样，前腿也是容易打结的地方。但也别过于用力。

5 梳后腿和大腿内侧

抬腿的时候需要留意。抬起一条腿以后，也同时梳一梳另一条腿的内侧。

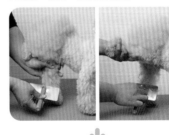

6 梳尾巴

扶着尾巴根梳理。

7 梳屁屁

屁屁也是容易打结的地方。温柔地慢慢梳。

8 梳耳朵和后脑勺

梳耳朵和后脑勺的时候，别忘了耳朵后面。

9 梳脸

下巴的毛毛打结，会让狗狗不舒服。但不要用力过猛。单手拖着下巴或脖子，在稳定的状态下梳毛。

10 完成

用普通梳子过一遍全身。看看有没有刮毛的地方，如果有就再用钉耙梳梳一次。

要点

梳脸的时候用普通梳子

专业人士的技术巧妙，可以用钉耙梳处理眼周毛毛，但是我们自己在家可没那么容易处理。所以，还是建议用普通梳子梳理面部。如果有毛结，可以用小钉耙梳处理。

钉耙梳和普通梳子应区分使用。

泰迪的毛毛容易打结

泰迪的毛发又细又密，容易打结。小毛结不及时处理，
时间一长会带着灰尘沾在一起。
另外，打结的地方不能接触新鲜空气，会增加皮肤炎症的风险。

容易打结的部位

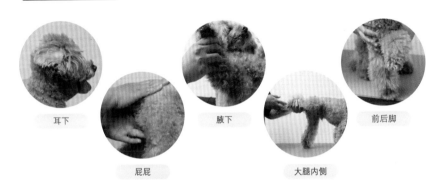

耳下　　　　　腋下　　　　　前后脚

屁屁　　　　　大腿内侧

梳开毛结的方法

1 先用钉耙梳梳
开毛结

2 用普通梳子的
粗齿面梳理

重复几次

✓ **要是无论如何都
梳不开**

毛结处理不过来的时候，
可以委托宠物美容院解
决。但即使是专业人士，
也会对毛结感到挠头。
有一些宠物美容院，可
能会在正常剪毛的基础
上另外收取毛结费用。
为了避免毛毛打结，最
好日常勤于梳理。

习惯洗澡的方法

定期洗澡也是一件重要的工作。

为了不让狗狗抗拒洗澡，首先要让它熟悉洗澡的空间和花洒的声音。

在狗狗还没适应的时候，可以送到宠物美容院洗澡。

1 在浴室喂食

为了让狗狗适应浴室的环境，先试着在这里喂食。

2 让狗狗适应花洒

用不出水的花洒对着狗狗，然后喂食。

4 放出小水流，喂食

在碰不到狗狗的地方放出小水流，喂食。观察狗狗的情况，慢慢加大水流。

3 向狗狗的脚上喷水

在热水接触到狗狗脚的一瞬间，马上喂食。观察狗狗的情况，慢慢调整热水接触的范围、水量和时间。

洗澡时需要准备的用品

- ✔ 洗发水
- ✔ 护发素
- ✔ 手桶
- ✔ 小水桶
- ✔ 沐浴棉
- ✔ 毛巾
- ✔ 吹风机
- ✔ 钉耙梳
- ✔ 梳子

✔ 洗澡前务必刷毛

洗澡以前，先用梳子的粗齿面确认有无毛结。如果没有，就可以洗澡了。如果发现了毛结，要先梳开毛结。

阶段1 —— **打湿身体**

1

用36~37℃的热水从屁屁→后背→头浇过去。淋湿的时候，要注意把花洒靠近狗狗的身体，不要让狗狗对水声感到恐惧。

2

浇湿大腿内侧和腋窝。不易淋湿的地方，用手盛热水，然后打湿。

3

脚底等比较脏的地方，要用热水完全淋湿，包括指缝。

挤肛门腺

肛门囊附近，会有很多肛门腺分泌的液体。对于是否要挤肛门腺的这件事儿，目前意见各异，所以还是交给专业人士来做吧。如果定期去宠物美容院，自己就不需要在家做了。

淋湿身体的时候，不要放过任何一根干着的毛毛。

阶段2 ━ 洗澡

4 打泡泡，涂在屁屁、后背、肚皮和脖子上。

5 用指尖轻揉，让泡泡融合进毛发之间。

6 脚底上的污垢比较多，要仔细洗洗。

阶段3 ━ 冲洗身体

7 冲洗身体。仔细冲洗干净，不要留下泡泡。

阶段4 ━ 洗脸

8 关小水流，打湿后脑勺和脸。可以用沐浴棉打湿。

9 防止泡泡进到眼睛和口鼻中，用泡泡揉搓头部。

10 用小水流冲洗，可以用沐浴棉擦洗。

错误！

从正面冲洗面部

从正面浇热水，狗狗会感到害怕。所以从脑后开始，缓缓浇热水冲洗。

每个月洗几次澡?

如果没有治疗的目的,每月一次就可以。最多不要超过两次。

阶段5 — 涂抹护发素

11 将护发素放在掌心,双手抹开,重点涂抹毛长的地方和容易打结的地方。请参考产品说明上介绍的使用量和使用方法。

12 涂好护发素以后,冲洗全身。冲干净以后,轻轻挤干。

阶段6 — 冲洗

13 关小水流,冲洗脑后的护发素。

14 后背和肚皮也要冲干净。注意脚底的缝隙。

比较脏的地方要重点洗

皮脂和污垢多的地方,最好洗两次。但这样可能太为难狗狗和主人了。所以,可以提前洗一遍脚底和屁屁,然后再洗全身。

屁屁　　　脚底

用毛巾擦拭脸和身体，去掉大部分水分。注意肚皮保暖，同时也别忽视脚底。

用毛巾擦好以后，用钉耙梳刷一遍全身，包括后背、肚皮、脚底和脸。

刷好以后，一边用手轻轻拨弄毛发，一边用吹风机吹干。按照"肚皮→后背→耳朵→脸→手脚"的顺序吹干。然后重复 **16** 和 **17** 的步骤。

熟悉了工具的使用方法以后，用吹风机吹的时候可以看到被毛的毛根。用钉耙梳一边梳，一边耐心地吹干。

如果狗狗开始不耐烦，可能会留下没吹干的地方。这时，再用钉耙梳梳2~3次，争取吹干。

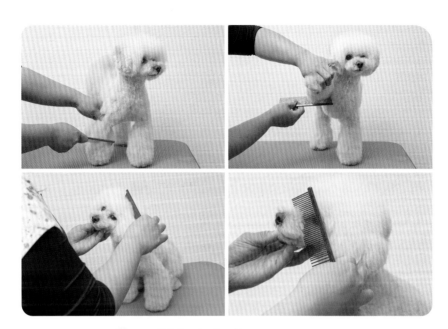

19 最后整体梳一次，打理被毛。

↓

完成

清爽又蓬松！

要点

狗狗还没习惯洗澡的时候，要记得委托给专业人士哦！

定期洗澡很重要，但在主人和狗狗都还没有习惯的时候，无须勉为其难地进行。如果让狗狗感受到恐怖，免不了有意想不到的事故发生。所以在还没习惯这个流程的时候，要记得委托给专业人士哦！

刷牙必备品

✓ 牙刷（擦牙湿巾或纱布） ✓ 狗狗牙膏

让狗狗适应刷牙的方法

1 让狗狗适应
手指伸入嘴里

使用小香肠，让狗狗平静地接受手指伸进嘴巴里的动作。习惯以后，用手指蘸牙膏，也按同样的方法使其适应。

→p.077 让狗狗习惯主人把手指伸进嘴里

2 用纱布擦拭牙齿

纱布缠在手指上，蘸湿，擦拭牙齿。狗狗习惯以后，用纱布蘸牙膏，也按同样的方法使其适应。

4 刷牙

让狗狗舔牙刷，然后马上用牙刷刷几秒钟的牙齿。重复 **3 ~ 4** 的步骤，让狗狗适应刷牙。最好在恒齿发育前的7~8个月，完成适应过程。

3 用牙刷蘸牙膏，
让狗狗舔食

用牙刷蘸牙膏，送到狗狗鼻子前面，狗狗一定会舔掉。别忘了牙刷蘸水，让刷毛变软。

※完成 **1 ~ 4** 任一步骤以后，就可以进阶到下一个阶段。

刷牙方法

用牙刷

1 将牙膏挤在牙刷上（没有牙膏也可以）。

2 接下来，沿着嘴唇从侧面开始刷犬牙和前牙。

用擦牙湿巾

把湿巾缠在手指上，另一只手翻开嘴唇擦牙齿。如果使用普通纱布，要打湿以后再擦。

3 握住上颚，打开嘴巴，牙刷伸进去刷后牙。

完成 **1** ～ **3** 任一步骤以后，就可以进阶到下一个阶段了。

每天检查耳朵的状况

通过每天的检查预防耳部疾病

泰迪的耳朵就构造来说，很容易积攒耳垢，从而引发耳内感染等疾病。对于那些可能引起耳部瘙痒的细菌来说，耳垢可是它们繁殖的好地方。另外，洗澡以后没有擦干、内分泌不良等因素，也会成为耳部疾病的导火索。这些对于垂耳犬种来说，算得上是一种宿命吧。但我们只要每天都检查耳朵的状况，及时把耳垢清理干净，就能有效预防相关疾病。总之，保持干净最重要！

→ p. 186 　耳部瘙痒

耳管

要点

耳朵里的毛毛，拔掉还是不拔？

泰迪耳内有毛毛。在美容圈里，关于应不应该拔毛毛的争论从来没有停止过。所以就把这件事交给宠物美容院的专业人士吧。如果在家拔耳毛，可以用手拽住看到的毛毛，然后拔掉。

如何清理泰迪的耳垢？

狗狗耳朵里的内部结构类似于L形。所以耳垢很容易藏匿其中。如果只用棉签等擦耳朵，不仅起不到充分的打扫效果，还有可能把耳垢推到更深的地方，甚至把耳朵弄伤。清理耳朵的时候，要用棉棒蘸取滴耳液，然后在耳洞入口附近轻轻擦拭即可。

清理耳朵

必要的物品   ✓ 滴耳液
               ✓ 棉签

阶段1 — 拔耳毛

1   把耳朵翻开，便于拔耳毛。

2   用手拽住可以看见的毛毛，轻轻拔掉。狗狗如果不喜欢拔耳朵里的毛，请不要勉强。

完成

一次拔太多狗狗会疼。
可每次少拔一点儿。

阶段2 — 滴耳液清扫

1   用棉签少蘸一点儿滴耳液。

2   用棉签轻轻擦拭耳洞周围，然后换成干净的棉签擦拭。现在市面上有可挥发性的滴耳液，无须擦拭，请参考商品说明书。

用力蹭皮肤对皮肤健康有害，请多加小心。

仔细保养身体的每个细节

细心的保养有益于狗狗的身体健康

泰迪整个身体里，要格外关注眼周、指甲等细节部位。例如对浅色的泰迪来说，眼角变色的部分会特别显眼；指甲太长会影响走路，所以这些都在我们日常保养的范畴内。还有，需要局部剪毛的地方，也要定期修剪，这样能让泰迪的生活更舒适一些。

作为主人，要负责每天检查这些细节的地方。而定期剪毛这件事儿，还是建议交给专业人士来做。

眼周护理

必要的物品　✔ 梳子　　✔ 眼药水　　✔ 化妆棉

擦拭泪痕

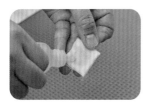

1 用化妆棉把除泪痕专用的眼药水滴在眼角。也可以用温水。

2 轻轻擦拭泪痕部位。

擦掉眼屎

用热水润湿化妆棉，轻轻挤干，打湿眼屎周围的毛毛。然后用梳子的细齿部分去除眼屎。

剪指甲

必要的物品　✓ 指甲刀　✓ 锉　✓ 止血药

剪指甲的方法

1 按住肉球上面的骨头，使指甲伸出来。

2 少剪掉一点儿指甲尖。

3 用锉修磨剪好的指甲。

要点

指甲刀刀刃朝外
如果指甲刀的刀刃朝里，可能会剪秃指甲。请提前确认好刀刃朝向。

剪指甲的时候务必准备止血药
如果剪秃了指甲，有可能不太好止血。这时就需要用到止血药了。如果出血了，要擦干净血迹之后再涂抹止血药。

局部剪毛

必要的物品

✓ 推子

剪屁屁的毛毛

肛门周围的毛毛会接触到排泄物，剃干净一点儿好。用推子推掉显眼的长毛。

剪脚底的毛毛

1 剪掉所有可能会盖住肉球的毛毛，可以用推子推。

2 看到肉球以后，宣告完成！

多姿多彩的剪毛风格

剪毛

泰迪的发型多种多样！

泰迪熊

迷你泰迪

比熊

大陆泰迪

莫西干款

嗒嗒嗒

讨厌

好像不太喜欢的样子……

疏于刷毛，狗狗就会讨厌刷毛。

为了剪出可爱发型，需要定期洗澡和刷毛。

定期洗澡和刷毛都必不可少。

看起来可爱的小毛球，来自日复一日的精心打理……

要像弥勒佛头顶的毛毛一样……

一不留神就出现了顽固的发结。

如果身上有太多发结，手艺多好的美容师都难以施展手脚。

累了

日常经过呵护的被毛，才能修剪出可爱的造型。

累了

嗯，先从这里开始吧！

咔嚓咔嚓

习惯以后，倒是也可以尝试自己剪毛。

虽然已经上了年纪，但我会让他们帮你剪得年轻一点儿！！

手艺不精的时候，趁一切都来得及，要赶紧拜托专业人士帮忙调整。

没关系，COOL!

我会帮你重新恢复可爱的容颜。

尝试一下宠物美容院！

宠物美容院是长期光临的地方，要早点儿亲身体验

　　泰迪掉毛少，但是毛却容易打结，所以需要定期剪毛。在家倒是可以做局部修剪，但能修剪的部位仅限少数地方。

　　在不同地区，宠物美容院的价格千差万别。一般来讲，剪毛的价格在8000日元（450元人民币）左右。如果价格超级便宜，也许是在哪个环节降低了成本，主人们需要擦亮眼睛。

　　另外，有的主人要是对某次剪毛的效果不满意，可能马上就换其他店了。但其实美容师也需要和小狗磨合，往往2~3次才能彻底摸清狗狗的性格。所以建议剪2~3次以后再考虑是否要换店。

　　狗狗年纪大了以后，不建议频繁更换新店。因为环境的变化可能会给狗狗造成心理压力，从而引发洗澡或剪毛过程中出现意想不到的情况。最好在爱犬小时候就找到配合度好的宠物美容院，然后就固定下来。

 ### 第一次剪毛的要点

时期	3~4周。第一次，可以仅预约洗澡套餐，让狗狗适应环境。
预约方法	致电宠物美容院，告知"我们是第一次剪毛"，然后确认价格，预约时间。
狗狗的身体情况	要关注一下剪毛前后身体状态的变化。剪毛前3小时完成进餐。剪毛之前不能喂水。

选择宠物美容院的方法

选择宠物美容院的时候，应优先考虑距离，降低每次前往宠物美容院时给狗狗造成的心理压力。除了考虑美容院的距离以外，还要重点考虑美容师和狗狗的磨合。

选择宠物美容院的条件

- ✓ 整洁、无异味
- ✓ 美容室是玻璃门，可以看到里面的状态
- ✓ 员工亲切开朗
- ✓ 对提问和咨询，能做出恰当的建议和回答
- ✓ 剪毛前会确认狗狗的状态

- ✓ 对狗狗细致耐心
- ✓ 明确地拒绝接待有跳蚤和虱子的狗狗
- ✓ 会对狗狗的教养、健康状况等方面提出建议
- ✓ 可以在社交媒体上查询到宠物美容院的最新信息

妥善的交流方式

剪毛前

交代具体的信息

从宠物美容院的画册中选择喜欢的款式，或者提供自己喜欢的款式照片，说明具体的要求。

接受美容师的建议

美容师看到狗狗后，能想象出剪毛后的样子。在自己的见解以外，还要听取专业人士的意见。

现场确认

现场确认剪毛效果。当时提出来，还有修剪的余地。即使不修剪，也能为下次剪毛做准备，不能疏于确认。

剪毛后

交流是否有皮肤外伤等信息

皮肤柔弱的狗狗，可能在剪毛过程中被推子挫伤皮肤或者出现局部皮肤发红的情况。可以在下次剪毛之前交流信息。

挑战自己剪毛！

从保持原样开始

修剪漂亮的狗狗，就是可爱的摸样。大家一定觉得自己在家给狗狗剪毛是一件很难的事情。但如果狗狗的社会化训练已经顺利完成，完全可以在家尝试一下局部修剪。

自己修剪的话，最大的好处是能把去宠物美容院的费用节约下来。可不管能节约多少钱，我们一定也不想见到狗狗乱七八糟的样子。那么，最简单的办法就是保持上次美容师剪过的样子。自己剪毛之前，要检查好狗狗的身体状况。如果狗狗年纪大了，可能没有长时间站立的体力。在家剪毛的话，可以分成几天来陆续修剪。

自己剪毛的心得

一

从维持原样开始

参考美容师剪出来的形状，尽量维持原有外观。

二

准备宠物专用剪刀和推子

工具不顺手，就很容易失败。请务必准备狗狗专用修剪工具。

三

慎重对待关键区域

眼周、口鼻、屁屁周围是重要部位，力所能及地修剪即可。

需要定期修剪的部位

准备的物品

✓ 梳子
✓ 剪刀或打薄剪
✓ 推子

※准备剪刀或推子的
时候，可以用成人用
的剪刀或推子代替。

眼周

定期修剪的时候，建议用
小剪刀处理眼周部位。做
不到的时候不要勉强进
行，委托专业人士即可。

脚底

用推子剪掉肉球周围
的毛毛。

肛门和生殖器周边

如果狗狗不适应，不要勉强
进行，委托专业人士即可。

自己修剪时的注意点

受伤

自己修剪的时候，常见弄伤狗狗的情况。所以
修剪过程中要充分观察狗狗的状态。如果狗狗
受伤了，要立即到宠物医院诊治。

烦躁

狗狗出现烦躁情绪时，建议委托专业人士处
理。严禁轻易给尚未完成社会化训练的狗狗剪
毛。在狗狗多少习惯以后，才能尝试。

剪秃了

不要轻易尝试新发型。如果剪得太短，甚至
都看到了皮肤，有可能会导致皮肤病。请慎
重修剪。

耳中

用剪刀修剪很危险。耳中的毛毛还是用手指轻
轻拔掉吧。

➜ p.165　拔耳毛

泰迪人气发型

泰迪可以尝试多种多样的发型，
这也是主人喜欢带泰迪去剪毛的原因之一。
让我们来看看最具人气的发型吧。

[泰迪熊造型]

以泰迪熊（毛绒玩具）为原型设计的圆润发型，基本上是泰迪的保留发型。易于打理，建议尝试。

改变口鼻和耳朵周围的形象，样子好像都大为不同了！

不剪短面部毛毛，但是把口鼻和耳朵周围的毛毛剪短，也很可爱！

面部 **泰迪熊发型**
耳朵 **呼扇呼扇的大耳朵**
尾巴 **小圆毛球**

泰迪熊款式的特点是大耳朵。圆溜溜的小尾巴非常可爱。

圆溜溜的小脑袋

圆溜溜的小脑袋，强调毛绒绒的可爱感。

重点是圆润！

身体的毛毛留长一点儿，完全就跟毛绒玩具一个样！

让身体的毛毛长一点儿，调整与面部毛发的平衡。强调泰迪熊的感觉。

好像毛绒玩具一样！

阿芙洛造型

毛绒绒的阿芙洛造型。圆圆的小脸非常可爱，但是容易打结，需要每天打理。

阿芙洛造型+圆屁屁造型

把屁屁的形状修圆，跟圆圆的笑脸遥相呼应。

阿芙洛造型+短耳造型

剪短耳朵毛毛，体现小圆脸效果。

毛绒绒，圆滚滚

勤于刷毛才能保持完美的阿芙洛造型！

夏季造型

夏季造型，就是把毛毛修剪得比较短，是夏天的人气款。

指定造型

详细指定头、身体、手脚、尾巴等部位的款式，充满主人独特的爱。

可爱变身

夏季造型+蓬松高颅顶

全年都穿小衣服的狗狗，比较适合夏季造型。搭配服装款式，用高颅顶向时尚风格靠近。

面部	花生款
手脚	推子+圆蓬蓬
尾巴	狮子尾

面部只留下口鼻周围的蓬松毛发，眼睛周围的毛毛剪短，这叫作花生款。身体的毛毛比较短，但是手脚和尾巴尖仍然是蓬松的发型。

夏季造型+短耳

夏季造型的经典款。短耳款，能继续回味小奶狗的可爱神情。

手机摄影！ 📱

可爱的
泰迪

我家的孩子太可爱了，我想把它的每一个瞬间都保留下来！

主人都会这么想吧。

但是对小动物来说，好动是天性，是否您也因为照不到好看的照片而烦恼呢？

那么，就让我们来看看如何用手机拍摄可爱的狗狗吧。

手机在手，就不会轻易错过任何一个可爱的瞬间！

技巧 / **01**

跟宠物对视

先蹲下或躺下，让视线与狗狗的视线处于同一高度。这样照相，能活灵活现地体现出主人公的姿态，还能拍摄出面部特写和精彩的表情。

拍摄的时候，要等待很久，才能让狗狗的视线集中到照相机的镜头上来。这种情况下，可以用零食或玩具来吸引它们的注意力。这样一来，眼神集中到镜头这边，才能更容易地拍摄出各种可爱瞬间。

技巧 / **02**

连拍体现动感姿态

拍摄动态照片的时候，可以使用连拍功能。连拍的时候，狗狗跑步的样子、可爱的表情都能被捕捉到手机中。而且每一张都有不同的表情，特别有趣。

技巧 / **03**

巧妙运用自然光

在幽暗的地点拍摄，照片的色调会显得有点儿暗。可是如果用散光灯，要么强光会吓到狗狗，要么曝光太强反而不好看。所以推荐在不太强烈的阳光下，利用自然光线拍摄。每天出门散步的时候，都是可以利用的好机会。

喜欢跳水坑的香草女士

被表扬了，心情不错呢！

从宠物美容院回家的小路上……

啊！

嗒！

香草女士！

吧～

唧～

开心

你现在不是香草了，改名巧克力好吗？

水猎犬的本性真不是虚名，不管身上多干净，只要看到雨后的水坑都想踩两脚。

不会错过任何一次表扬的香草女士

感谢光临

香草女士喜欢这样的瞬间。

哇～好可爱的小泰迪。

毛茸茸的呢！

谢谢您！

您这么说它会很高兴呢！

哦？

傲娇

香草女士每次从宠物美容院出来，都会非常享受来自每个人的赞美。

？

178

⑥

争取长寿！

健康管理

寻找 长期 打交道的宠物医院

确认每天的食欲和身体状况非常重要。

食量

排泄物确认

毛发光泽

爱犬的健康管理很重要。

前前后后在很多家宠物医院就诊过。

特别是要选择合适的宠物医院。

Cool天生体弱，膝盖还有点儿问题。

图A

图B

● 离家近
● 从小就在这里看病
● 还在这里做过手术

● 离家远
● 专业性强 专业医师团队
● 医生的诊疗和 说明都很可靠

例如说在A医院查不清病因的症状，在B医院检查后了解到了准确的病名。

历经多家医院后才领悟，如果对一家医院的诊断结果不放心，一定要再找一家医院复查。

趴趴

嗷嗷嗷

不要一副高高在上的样子，一会儿就到你了。

开始害怕地小声哼唧

在这里，又一次认识到社会化的重要性。

在宠物医院狭窄的候诊室里，一只又一只的小动物活蹦乱跳，叫来叫去……

狗狗不能像人一样交谈。

一只眼睛变白了

嗯

所以需要通过日常的肌肤接触感知它们的身体状况。

在宠物医院，有专门的体检套餐。

这对今后的健康体检有益，推荐就诊。

必不可少的每日体检！

整个身体

肌肉结实

肌肉结实的状况比较理想。如果皮肉松垮，骨骼无力，需要及时去医院检查。

耳朵

耳内皮肤紧致，没有臭味

健康的耳朵内侧，皮肤应为绷紧的状态，而且没有异味。如果有臭味，可能是内部存在伤口或其他耳部疾病。

毛发·皮肤

确认被毛和皮肤有无异常

检查毛色有无光泽，皮肤有无异常，身体上是否有外伤。

肛门·排泄物

肛门紧缩，排便正常

肛门分泌异物，软便、腹泻等均为身体不适的征兆。

每天都要通过身体接触检查狗狗的健康状况

只有充分了解狗狗日常的身体状态，才能做出正确的判断，以此保护狗狗的身体健康。在刷毛、上厕所、做游戏的时候，要趁机接触狗狗的身体做检查。

只有主人才能发现狗狗的身体异样。无精打采、食欲减退、心情不好等，无论多小的细节都应该引起我们的重视。为了便于今后参考，还可以做好笔记，正确把握狗狗日常的体态特征。担心的时候，可以及时去宠物医院就诊。

面部

对动态物体存在积极的反应

喜欢游戏、散步和各种声音。另外，表情丰富。这些都是身体健康的证据。

眼睛

明亮，澄清

健康的眼睛，应处于适当湿润、闪亮发光的状态。眼屎、充血、眼泪、眼干等，都是疾病的征兆。

鼻子

湿润

刚睡醒的时候除外，鼻子应该有光泽，略湿润。鼻子干燥、流鼻涕、留鼻血都是身体不健康的表现。

牙齿·口腔

牙龈和舌头颜色发黑

牙龈发紫、口臭、牙齿脱落、流口水等症状多发时，需要引起注意。

小狗的牙齿不整齐该怎么办？

如果牙齿排列不整齐，今后可能诱发牙周疾病。需要每年进行一次牙齿检查。

不可疏忽的疫苗和驱虫

保护爱犬不受疾病和寄生虫的侵袭

我们应当通过接种疫苗的方式，帮助狗狗预防疾病和寄生虫。不仅要保护狗狗自己不被传染，也要保证不传染其他狗狗。对出生后不久的小狗，接种疫苗的过程特别重要。因为出生后一段时间内，身上还有从妈妈那里继承来的免疫力，所以不太容易得病。可是从1个月左右开始，免疫力就会逐渐下降，所以接种疫苗是必须进行的事情。另外，狂犬病仍在全球肆虐，我们也有义务让3个月以上的小狗接种狂犬疫苗。

狂犬疫苗

患病狗狗会变得异常凶狠，由于中枢神经受损，会导致死亡。人类也会被感染，主人有义务带狗狗去登记，并完成疫苗接种。

丝虫病

一种有代表性的内部寄生虫疾病，通过蚊子传染。感染后需要每月服药一次。如果药物治疗引起抽搐，要及时接受医生检查。虱子和跳蚤也是常见的寄生虫，应当使用驱虫药。

混合疫苗

出生	身体里有从妈妈那里继承来的免疫力
40~60天	第一次接种
约30天以后	第二次接种
约30天以后	第三次接种

时间和次数详询宠物医生

以后每年接种一次

预防高致死率的传染病

防止感染重大疾病的疫苗。

接种方法

不同地区的流行传染病种类不同，所以需要向医生咨询疫苗的种类。

选择宠物医院的标准

1 离家近

离家近是比什么都重要的事情。紧急时刻，短距离移动可以降低狗狗的心理压力。

2 口碑好

网评内容可作为参考标准之一。仔细确认信息，选择适合狗狗的宠物医院。

3 紧急情况如何应对

爱犬一旦遭遇不测，需要及时应对。要提前确认好24小时开诊的宠物医院。

4 宠物医生的说明简单易懂

为了让主人放心，医生应该有能力清晰地介绍病情、应对、处置等信息。

5 院内卫生

检查院内和周围是否保持了良好的卫生习惯。同时确认接诊时的服务态度。

6 款项清晰

根据狗狗性格、家庭条件等背景做出判断，在征得主人同意后做出治疗方案，并出具款项清晰的费用清单。

正确说明症状的方法

狗狗身体不好，却解释不清楚到底哪里有问题。
主人向医生介绍的情况，是诊疗前最重要的信息。

说明症状的时候要冷静客观

客观地评价狗狗的状态，然后冷静地向医生说明自己清楚的事实。如果没有自信，可以写个备忘录。

大小便、呕吐物如有异常，可以携带至宠物医院

如果发现排泄物中有异常，可以用散步时携带的塑料袋装起来，带至宠物医院进行检查。

说明病情的要点

- 时间
- 什么症状
- 如何发生

- 食欲和排泄物的状态
- 与正常状态下不一样的地方

了解小狗容易罹患的疾病

乳牙残留

乳牙不掉

乳牙不掉，恒牙就长不出来，叫作乳牙残留。这不仅会导致牙齿排列不整齐，还会产生一系列影响。

乳牙残留常见于犬牙处

该症状常见于犬牙。严重时影响犬牙周围的牙齿排布，还容易导致虫牙、牙周病、口腔黏膜受损等。

对策

征求宠物医生的意见

如果进入第二次性征期，乳牙还没掉，就要去宠物医院接受检查。请与医生一起研究防治方法。

耳部瘙痒

用脚挠耳朵、甩头

总是挠耳朵和甩头的时候，要及时检查耳内状况。如果有异味或单耳听力下降，很有可能是耳朵有问题。

垂耳狗狗的常见病症

垂耳狗的耳朵里面也有毛毛，湿热环境给细菌滋生提供了优良环境。严重时可能引起中耳炎等耳部疾病。

保持耳部干燥清洁

轻症时，可用挖耳勺或棉签清理耳内环境，但不要过于用力。如果太用力弄伤耳内皮肤，会让症状进一步恶化。如果有异味，需要及时就诊。

腹泻、呕吐

检查呕吐物和排泄物

如果偶尔腹泻或呕吐无须担心，但频繁出现腹泻、便血、狗狗没有精神等情况，很有可能是生病了。

确认饮食

如果消化没问题，可以考虑食物过敏、捡垃圾吃等饮食方面的影响因素。呕吐可能源自晕车、撞了头等外部原因，可以观察一段时间。

对策 保证水分摄取，饿一顿

首先让狗狗饿一顿，给肠胃休息的时间。之后再检查排泄物的情况，如果仍有腹泻、便血、没有精神的情况，需要咨询医生。

咳嗽、流鼻涕

咳嗽和流鼻涕的时候，确认鼻涕的状态

成年狗狗通常是感冒。但对小奶狗来说，存在继续恶化的可能性。对于泰迪来说，咳嗽和流鼻涕也有可能源自呼吸系统的异常。早就诊，早放心。

对策

向医生描述症状，观察狗狗的状态

感觉到呼吸器官异常的时候，要再检查一下狗狗的精神状态，听听呼吸时有没有异常声音。然后把这个过程记录下来，如实告知医生。

走路异常

骨折、软组织挫伤、膝盖骨脱臼等

最容易发生的事情，就是前脚骨折或软组织挫伤。关于膝盖骨脱臼（p.194）的问题，应该从杜绝狗狗从高处跳下开始。

对策

重新审视房间布局，消除狗狗可能跳下来的登高处

泰迪的骨头其实特别细。重新规划房间布局，防止狗狗受伤。

➜ p.046　准备好一起生活的房间环境

绝育手术好处多多

每一天爱犬都能在稳定的精神状态下生活

绝育手术有如下几个好处。

对于雄性来说，能有效抑制其随地小便做标记、攻击性变强，保证狗狗平稳的精神状态。这样才能与人类和其他狗狗建立和谐的关系。

对于雌性来说，单从医疗方面来讲，可以避免性激素分泌导致疾病的困扰。研究显示，在雌性发情期前进行手术，乳腺增生的风险可以降低99.5%。同时也能避免发情期情绪焦躁。

另外，还有助于顺畅地完成训练。对于一只尚未绝育的适龄狗狗来说，异性的吸引力远比狗粮更重要！这将导致训练无法顺利进行。

由此可见，如果不需要狗狗继续繁殖，则应优先考虑绝育手术。最好在出生后6个月左右，第一次发情期到来之前完成绝育手术。当然，手术前需要验血来确认健康状况。请务必确保手术的安全性。

绝育手术唯一的缺点，就是会降低狗狗的新陈代谢。如果一如既往地喂食，狗狗较容易变胖。术后，可换成专用狗粮来防止肥胖。

适龄狗狗不做绝育手术，稍不注意就有可能导致怀孕。如果不希望继续繁殖，请尽早安排手术。

绝育手术的优势和劣势

优 势

✓ **预防性别疾病**

可以预防雄性的精囊脓肿、前列腺肥大；雌性的乳腺增生、子宫囊肿、子宫癌等疾病。

✓ **稳定情绪**

发情期常见食欲不振、易怒、焦虑等现象。

✓ **改善做标记的行为**

如果不进行手术，会常见在室内或室外随地小便的行为。

✓ **实现顺畅的训练**

如果不进行手术，狗狗对异性的关注度极高，不太容易关注到主人的指示。

劣 势

✓ **容易变胖**

代谢变慢，按照通常食量投喂，狗狗比较容易变胖。

调整狗粮的种类和投喂量吧！

发情的时候……

食欲降低

郁郁寡欢、食欲不振。散步时也会无精打采。

焦虑

阴部不适会导致精神紧张。也会发生为了追求异性而与其他狗狗发生争执的行为。

出血

雌性每年有2次生理期。每次会有持续2周左右的阴道出血。

分泌激素

雌性在发情期释放出的激素，会让雄性兴奋不已，无法冷静。

不听话

为了追求异性，可能会离家出走。

同性之间的争执行为增多

为了获取与雌性的交配权，雄性之间往往会发生争执，甚至发生激烈的争斗。

与 深爱 的高龄泰迪一起生活

高龄犬

怎么还有老年斑？

毛色变淡了呢！

狗狗上了年纪以后，外观会发生变化。

这是加卡利亚仓鼠？

只有这里颜色深

偶尔，局部毛发会重新焕发青春。

青春期

哇哇哇~ 嗒嗒嗒~

现在可真是看出来稳重了呢！

老年期

常睡觉

以前活泼淘气，好奇心强，总想逃跑。

行为举止也发生变化了。

揉我腿的时候

到了这个时候，我们之间的关系是将心比心！

就是需要我让地方的时候

上了年纪以后，担心的事情也增加，时不时就要去医院看看。

舔

马上就能感知到我的心情，然后来舔舔我、安慰我。

哈啊~

心情不好的时候……

嗯！

虽然一脸"真拿你没办法"的表情，但一定会仰起小脸等着我。

好可爱！

到了滴眼药水的时间了！

滴眼药水的时候，只要我一召唤……

我们都变成老爷爷了！

小GU现在已经14岁了。不知道能相守到什么时候，但我会一直陪在它身边。

狗狗的年纪越大，越惹人喜爱。

变成高龄犬以后

高龄的证据

视力衰退

视力下降以后，常见碰撞其他物体的现象，或产生讨厌散步的情绪。

会出现口臭

如果不养成刷牙的习惯，有可能会出现牙周疾病，导致口臭。牙疼会导致食欲下降。

→ **p.163** 刷牙方法

听力下降

对声音的反应变得迟钝。

变多的白毛

白毛增加，毛色变浅。还有因为新陈代谢变慢导致不怎么换毛、毛色失去光泽的现象。

指甲大多会伸出来

运动量减少，指甲长得很快。带着长指甲走路会增加关节的负担。

→ **p.167** 剪指甲

尾巴更下垂

体力减弱，腰身、尾巴、头部都愈发低垂。

睡觉时间延长

1天当中，大多数的时间都在睡觉。但也有因病导致卧床不起的情况，请务必定期接受体检。

饮食

更换高龄犬食物

根据年龄调整狗粮品种。而对于难以咀嚼干狗粮的狗狗来说，可以用热水把干狗粮泡软后喂食，也可以直接喂食湿狗粮。

少食多餐

减少每餐食量，增加每日进食次数。如果还能像年轻的时候一样吃干狗粮，可以继续用手喂食。

散步

好好散步

在还能步行的时候经常散步，可以尽量保持狗狗的体力。配合狗狗的脚步慢慢走。

如果不能独立行走，可以用小推车带着狗狗外出。这样也能给狗狗的大脑带来良好刺激。可以在出去的时候让狗狗独立行走，回家的时候乘坐小推车，以减少体力负担。

室内

撤掉多余物品，在狗狗喜欢的地方摆放小台阶等

要是腿脚不灵便，就不能跳到钟爱的沙发上了。这时候，可以摆个宠物台阶。尽量不要改变家具的配置，但是可以去除多余的障碍物。

根据狗狗年龄考虑家具配置。

卧床不起以后……

防止褥疮

为了防止褥疮，需要每隔2~3小时帮助狗狗改变身体的方向。也可以让狗狗躺在能分散体重的软床垫上。另外，需要在臀部下面铺好尿垫。

了解泰迪容易罹患的疾病

膝盖 膝盖骨脱臼

症状

后脚疼，走路姿势发生变化

本来能跑跑跳跳，忽然"汪"地叫一声，然后抬起后腿，看起来很疼的样子。之后一段时间，走路的时候后腿不着地，触碰的时候能听到好像脱开了一样"嘭"的一声。

"汪"地叫一声，
抬起后腿

原因

分为先天性脱臼和后天性脱臼

后腿膝盖骨脱离正常的位置，处于脱臼状态。分为先天性脱臼和后天性脱臼，日本泰迪中常见先天性病因。如果症状不明显，不会影响正常生活。严重时需要手术。

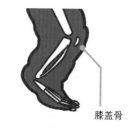

膝盖骨

治疗

轻症观察即可

轻微脱臼时，无须治疗，主人多加关注即可。但如果发展成慢性病，会产生疼痛、无法正常行走的问题。这种情况需要手术治疗。

注意不要让
泰迪从高处
往下跳！

皮肤　过敏性皮炎

症状

面部、四肢、肚皮瘙痒，腹泻

出生后半年到2岁期间容易发病。有由于瘙痒挠破皮肤，或者皮肤增厚等症状。如果过敏原为食物，可能导致腹泻。

原因

多种过敏原

常见过敏原是食物，但是因为吃饭过敏的案例却很少。更为常见的是由灰尘、螨虫、花粉、真菌引起的过敏。

治疗

去除过敏原

可以尝试慢慢适应过敏原的治疗方法。如果有明确的过敏原，也可以彻底去除过敏原。

要点

预防皮肤炎症

每天刷毛，增加毛发透气性。如果在刷毛方面怠惰，就很容易导致皮肤表面滋生病菌。

关节　股骨头坏死

症状

大腿骨变形导致疼痛

多发于出生后1年以内的生长期。遗传的可能性比较高，发病后通常要持续6~8周。期间如果病情严重，狗狗行走时会踮脚。

原因

大腿骨局部坏死

可以考虑的原因有遗传、营养不良、内分泌失衡、骨关节异常等，但详细病因不明。病灶为连接大腿骨部位的骨头坏死。

治疗

手术后还需要进行康复治疗

通过X线检查确诊。病情不严重的情况下，可以静养，通过药物治疗缓解症状。严重的时候需要做手术，术后恢复的过程中需要进行康复治疗。

变形的大腿骨　　　正常的大腿骨

大腿骨

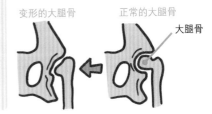

眼睛　流泪症

症状

大量的眼泪和眼屎
导致眼角变色

流出大量眼泪，让眼角的毛色发生变化。特别是白色和杏色的个体，生病后眼角的变色特别醒目。严重的情况下会并发湿疹、皮炎等症状。

原因

眼泪的成分导致毛发变色

眼泪分泌异常的病因难以确定，多半是泪腺炎症或眼球疾病。同时也可以考虑泪管狭窄的因素。据说与睫毛生长方向也有关系。

治疗

擦拭眼周

如果因为疾病、睫毛方向、泪管狭窄等原因，要咨询医生的意见。作为预防，需要定期擦拭眼角，保证清洁。

→ **p.166**　眼周护理

耳朵　外耳炎

症状

频繁挠耳朵

用脚挠耳朵，在地面上蹭耳朵的现象频繁发生。此时，耳中会出现肿大、炎症、耳垢等症状，或有异味。

原因

垂耳的特征
导致易生细菌

低垂的耳蜗是导致外耳炎的细菌的绝佳栖息地。另外，洗澡以后如果没擦干耳朵、过敏、分泌异常等也可能导致瘙痒。

治疗

保持耳部清洁和干燥

最好的预防办法就是拔掉泰迪耳朵里面的毛毛，去除耳垢。

→ **p.165**　清理耳朵

脑　癫痫

症状

四肢硬直，口吐白沫，意识不清

忽然失去意识，发生口吐白沫等痉挛反应。几分钟后复原，事前会出现动作异常，嘴巴反复出现咀嚼的动作，眼睛集中在某一点不动等先兆。发作后，饮食量有所增加。

治疗

服用抗癫痫药物治疗

难以根治，首先请到宠物医院就诊。根据症状，可以服用药物治疗。

原因

大多数情况下原因不明

癫痫可分为"突发性""症候性"两类。原因不明的时候，多来自遗传，常见于出生后6个月至3岁。原因明确的情况下，属于"症候性"。

生殖器

♀ 子宫积液

频繁喝水、多尿、分泌物增加

细菌通过外阴进入子宫，引起感染。常见喝水量增加、尿频的症状。子宫内异物增加，会导致腹部膨胀、食欲降低、体温升高、分泌物增加等系列症状。严重的话，关乎性命，常见于未经绝育手术的未孕犬。请立即前往宠物医院就诊。如果不想繁殖后代，建议做绝育手术。

♂ 隐睾

睾丸不外露

生后不久，睾丸位于腹内，伴随着身体成长渐渐缩到阴囊内。隐睾藏匿于腿根的位置或直接缩回肚子里，有丧失生殖功能的风险。但是，如果只有单侧睾丸出现这个症状，尚存生殖能力。但这种情况下，需要谨慎地进行交配。隐睾发生脓肿的风险很高，建议去医院进一步检查。如果不想繁殖后代，建议做绝育手术。

家庭犬常见的疾病

心脏 二尖瓣闭合不良

症状

衰老导致的心脏病

小型犬常见的心脏病。初期常见心脏杂音，随后逐渐出现咳嗽等症状。进一步发展后，厌恶散步、站着不动的情况会有所增加。严重的情况下会晕倒。

原因

二尖瓣病变导致血液逆流

原因不明。推测为二尖瓣的老化和纤维化导致无法继续输送血液。瓣的变化原因，通常被认为来自口腔炎、牙周病等细菌感染。因为有引发心律失常的问题，关乎性命。

治疗

检查后遵医嘱服药

通过X线、心电图等方法进行检查，然后决定治疗方案。难以根治，可考虑服用血管扩张类药物。早发现、早治疗，日常的口腔卫生保养，体重管理都是重要的预防措施。

● **心脏扩张的时候**

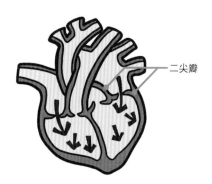

二尖瓣

● **心脏收缩的时候**

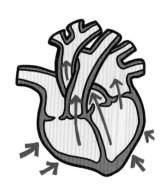

二尖瓣闭合不严，血液逆行。

牙齿　牙周病

症状

牙垢多发导致炎症

牙周旁边残留的食物和牙垢会演变成牙结石，导致牙周炎。牙齿排列不整齐的狗狗常见该问题，需要及时就诊。

治疗

去除牙垢和牙结石

去除牙垢和牙结石。炎症如果严重，需要进行全身麻醉，并施加抗生素治疗。根据实际情况，可能需要拔牙。

预防

从小养成好好刷牙的习惯

牙周疾病从来不会突然造访，都是在成长过程中一边吃一边养成的。所以应从小开始注意口腔健康。

● 牙周病的演变过程

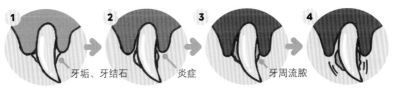

1 牙垢和牙结石滞留在牙齿和牙龈之间。

牙垢、牙结石

2 牙龈发炎。

炎症

3 牙齿周围流脓。

牙周流脓

4 脓液淌出后，牙和牙龈之间产生缝隙，牙齿松动。

腰　腰间盘突出

症状

腰间盘损伤导致压迫神经

腰间盘损伤，中间的髓核组织膨出，压迫神经导致疼痛。发病时腰部有触痛感，走路姿态不自然，或者出现不喜欢动的情况。

原因

内因、外因及老化原因

腰间盘异常的原因，可能是事故等外部撞击，也可能是肥胖导致的压迫。更重要的原因，可能是高龄产生的腰椎组织老化。

预防

关注饲养环境，降低发病风险

在地面上铺地毯或绒毯，上下台阶的时候抱起来，这样能减少腰部负担。另外，进行体重管理，避免肥胖。

眼睛　白内障

症状

眼睛发白，伴随失明症状

眼睛晶体部分或全部变白，存在浑浊体。瞳孔一直张开，有时候会撞到其他物体和墙。

原因

遗传、糖尿病或其他眼病

糖尿病是引发白内障的原因之一。此外，遗传等眼病也会导致发病。

治疗

手术治疗

眼药可以起到治疗效果，但并不能根治。需要征求医生建议后进行手术。

结膜炎

症状

眼白发红，眼内红肿

结膜炎，有时症状仅限于眼睛，有时会波及全身。因为眼睛瘙痒而频繁揉眼睛的动作会导致症状进一步恶化。

原因

双眼同时发炎，大多因为过敏

洗澡导致细菌进入、病毒、药品等都是导致结膜炎的原因。比较常见的病因是过敏，特点是两只眼睛同时发病。

治疗

不要让狗狗揉眼睛

可以通过滴眼药水的方法进行治疗，但前提是不能让病情恶化。如果狗狗频繁用爪子揉眼睛，可以考虑戴上伊丽莎白圈。

眼睑内翻

眼睑向内侧翻，导致眼部发炎

眼睑向内侧翻，睫毛刺激眼角膜和结膜，导致发炎。会出现眼睛瘙痒和疼痛。

先天性或后天性

多数为先天性眼睑内翻，原因为遗传基因。后天性眼睑内翻的情况，多为狗狗之间打架导致的外伤、细菌、霉菌、病毒等感染。

不同的病因，需要不同的治疗方法

先天性的问题，需要定期去宠物医院问诊。如果源自眼疾，需要先把以前的病治好，再考虑是否手术。主人不要让狗狗揉眼睛。

气管 器官虚脱

像大鹅一样发出嘎嘎的声音

运动后或口干时，会发出嘎嘎等像大鹅叫一样的声音。病情严重时，会出现流口水、晕倒等症状。

气管内的软骨异常

气管内的一部分软骨发生异常，导致空气流通的通道变窄。该病症可分为颈部和胸部，常见于梅雨到盛夏的季节。

最佳预防措施是狗狗的体重管理

反复发生，要通过X线检查确认病症，然后进行内科治疗。在家不要让狗狗太兴奋，保证环境凉爽。肥胖时会加重病情，并且不利于治疗。请注意进行体重管理。

脚 前脚骨折

症状

剧烈疼痛，无法行走

泰迪的脚骨脆弱，突然跳下带来的冲击很容易导致脚部骨折。脚骨折以后，无法正常行走。

原因

前足遭遇了过大的冲击力

运动神经发达，善于跑跳，但四肢骨骼却相对脆弱。从高处跳跃的时候多发骨折情况，偶见由主人抱着举高高的时候跌落引起。

治疗

手术后住院观察

手术后需要住院进行康复治疗。出院后一段时间需要限制行动，直到康复为止。请不要让狗狗爬到家里的高处。

关节 骨关节脱臼

症状

后腿上提，拖着走路

骨关节受力过重，导致大腿骨脱臼。脱臼后，首先会发生提着后退走路的现象，之后发生拖着腿走路的异常现象。

原因

强烈的外部冲击

掉下等意外事件带来的外部冲击，是导致脱臼最重要的原因。泰迪骨关节的可动范围大，两条腿也能走路。但两条腿走路是导致脱臼的原因之一，应该极力避免。

治疗

全身麻醉后复原

进行全身麻醉，然后把脱臼的大腿骨恢复原位。如果难以实现，就需要进行切开手术。在家里的地面上铺地毯，防止滑倒。

肛门 肛门腺炎

症状

在地面上蹭肛门

肛门发炎。发病后出现舔舐肛门周围，在地面上蹭肛门的现象。如果置之不理，脓液会留在肛门中，引发发热或食欲降低等症状。

原因

分泌物导致细菌感染

狗狗的肛门括约肌力量小，肛门的收缩力量弱，容易残留分泌物。但是分泌物集结在肛门内的导管或开口部，就会引发炎症。

治疗

挤肛门腺、清洗、使用抗生素

首先要把其中的分泌物挤出来，然后洗净患部，再使用抗生素消炎。为了起到预防效果，需要定期去宠物美容院或在家自行挤出肛门分泌物。

高龄犬癌症

留意高龄犬的癌症

泰迪不太容易患癌症，但无法绝对避免。特别是超过8岁以后，要定期做癌症筛查。

我们去做个定期的癌症筛查吧！

雌性注意乳腺癌，雄性注意睾丸癌

比较常见的是雌性的乳腺癌和雄性的睾丸癌，可以通过绝育手术来避免。

7岁以后定期体检

小型犬超过7岁以后，相当于人类45岁的年纪。细胞老化的影响会在身体器官上体现出来，建议定期体检。做到早发现、早治疗。

提前了解陪护和应急处理的方法

喂药的方法

● 粉末药

混合在狗粮里投喂。如果被识破，可以夹在奶油奶酪、果泥等含盐少的食物里投喂。

● 药水

用滴管喂。让狗狗鼻尖向上，指尖放在嘴边，翻开上唇。配合舌头的动作，从牙齿咬合的缝隙喂药。

● 片剂·胶囊

鼻尖朝上。嘴巴大张的瞬间赶紧把药片放进后牙和喉咙之间，使其完成吞咽动作。舌头进出几次以后，适当喂水。

滴眼药水的方法

用一只手固定下颚，让狗狗的头朝上扬。另一只手拿眼药水，从背后接近眼睛，滴眼药水。完成后用手蒙住眼睑，轻轻按摩，让眼药水流动开。

突然喂药或滴眼药水的时候，有些狗狗不配合。从小让狗狗练习张嘴，让它们习惯被人抚摸脸部。

→ p.076　适应被捏住口鼻的状态
→ p.077　让狗狗习惯嘴巴被打开
→ p.077　让狗狗习惯主人把手指伸进嘴里

紧急处理后尽快就医

● 中毒·误食

尽快就医

在赶往宠物医院的路上，尽可能保持安静的状态。有时需要催吐，请在去医院之前联系医生，遵医嘱处理。

● 被其他狗狗咬伤

用流水洗伤口

确认伤口，用自来水清洗。如果出血，要按压5分钟左右进行止血。止血后用纱布包扎，然后立即就医。

● 中暑·热射病

给身体降温

移动到凉爽的地点，补水。可以用湿毛巾盖住身体降温。如果精神恍惚，可以在腋下放凉矿泉水瓶。处置完成后联系医生，遵医嘱处理。

● 烫伤

冷水冲20分钟以后送医

被热水等烫伤后，要立即进行冷却。最少用冷水冲20分钟。如果因药品等导致灼伤，要先清洗患部，处置过程中主人应佩戴橡胶手套。处置完成后联系医生，遵医嘱处理。

封面和书中明星

封面和书中明星
宇野 TORO君

书中明星
宇野 Emma酱

书中明星
铃木 碧酱

佩斯君

MI酱/KI酱

雪梨酱

MINT君
KORONE君
MONA酱

REIA君
MOMOTA君
可可君

REO君

KOTTA酱

小麦君

可可酱

REO君

RENI酱

HUKU君

书中明星
川原 cooki酱

书中明星
水木 MUGI酱

书中明星
KIBI酱

书中明星
PUSUKE君

PUSUKE君

KONA君

谕吉君

秀秀酱

茶一酱

宝助君

TEN君

MOG君

花花酱

嘻嘻球君

可乐饼君

Original Japanese title: HAJIMEYOU! TOYPUU GURASHI

Copyright © 2021 STUDIO PORTO, SONOKO TOMITA

Original Japanese edition published by Seito-sha Co., Ltd.

Simplified Chinese translation rights arranged with Seito-sha Co., Ltd.

through The English Agency (Japan) Ltd. and Shanghai To-Asia Culture Co., Ltd.

©2022，辽宁科学技术出版社。

著作权合同登记号：第 06-2022-78 号。

版权所有·翻印必究

图书在版编目（CIP）数据

开始吧！养一只泰迪 /（日）西川文二监修；（日）道葵
雪插图；王春梅译 . — 沈阳：辽宁科学技术出版社，2022.10
ISBN 978-7-5591-2664-1

Ⅰ . ①开… Ⅱ . ①西… ②王… ③道… Ⅲ . ①犬 —
驯养 Ⅳ . ① S829.2

中国版本图书馆 CIP 数据核字（2022）第 151891 号

出版发行：辽宁科学技术出版社
　　　　　（地址：沈阳市和平区十一纬路25号　邮编：110003）
印 刷 者：辽宁新华印务有限公司
经 销 者：各地新华书店
幅面尺寸：145mm×210mm
印　　张：6.5
字　　数：200千字
出版时间：2022年10月第1版
印刷时间：2022年10月第1次印刷
责任编辑：康　倩
版式设计：袁　舒
封面设计：袁　舒
责任校对：闻　洋

书　　号：ISBN 978-7-5591-2664-1
定　　价：49.80元

联系电话：024-23284367
邮购热线：024-23284502